高等院校计算机类专业基础课"十四五"规划教材

JISUANJI SHUXUE

计算机 数学

主编 冯超玲

U0279037

华中科技大学出版社
http://www.hustp.com
中国·武汉

内 容 摘 要

本书介绍计算机专业用到的相关知识和常用的软件。本书共 12 章,第 1～3 章结合高中所学数学基础知识,详细讲解了与计算机专业密切相关的数制、排列组合、数论的相关内容;第 4 章介绍逻辑运算;第 5～10 章简单介绍计算机专业的编程基础语言,即 C 语言、Java 语言和 Python 语言,介绍与专业相关的经典算法和排序方法;第 11 章介绍矩阵的基础知识;第 12 章介绍数据处理常用的 MATLAB 软件。本书各章节都有课后练习,可帮助读者巩固所学的内容。

本书可以作为高等专科院校计算机相关专业学生的"计算机数学"或"数学实验"课程的教材,也可用于应用数学、计算机爱好者自学的参考书。

图书在版编目(CIP)数据

计算机数学/冯超玲主编. —武汉:华中科技大学出版社,2021.9(2024.6 重印)
ISBN 978-7-5680-7503-9

Ⅰ.①计…　Ⅱ.①冯…　Ⅲ.①电子计算机-数学基础-教材　Ⅳ.①TP301.6

中国版本图书馆 CIP 数据核字(2021)第 177400 号

计算机数学
Jisuanji Shuxue

冯超玲　主编

策划编辑:彭中军
责任编辑:史永霞
封面设计:孢　子
责任监印:朱　玢
出版发行:华中科技大学出版社(中国·武汉)　　电话:(027)81321913
　　　　　武汉市东湖新技术开发区华工科技园　　邮编:430223
录　　排:武汉创易图文工作室
印　　刷:武汉开心印印刷有限公司
开　　本:787mm×1092mm　1/16
印　　张:13.25
字　　数:356 千字
版　　次:2024 年 6 月第 1 版第 2 次印刷
定　　价:39.00 元

前　　言

　　计算机数学是计算机专业的一门基础课程,它不仅为计算机专业课程的学习提供必要的数学知识和数学思想,也为计算机专业学生数学素质的养成提供必要的环境。

　　本书是为计算机数学课程编写的,并且是根据计算机类专业课对数学知识和编程的要求而编写的,其教学内容符合高职学生的特点,满足高职计算机专业学生的就业特点和职业发展要求,也符合计算机类专业课的教学需求,目标是想更好地为后续的专业课服务。针对计算机专业人才培养目标,本书编写的指导思想是:"内容设计与专业结合,教学设计和教学内容贴近学生,教学设计利于教师教、学生学"。它遵循"以应用为目的,以必需、够用为度"的原则,在内容取舍和编排上,注意与计算机专业的实际应用相结合,注重实践性教学环节的设计,特别是算法设计与编程实践,注重数学基本概念与数学基本思想的讲解,特别注重学生利用计算机解决实际问题能力的培养。

　　考虑到计算机数学应用的基础是算法,本书以计算机专业用到的数制、数论、算法和排序方法为主线,注意在内容上根据专业的需求对数学知识进行取舍,对算法实现的思路、原理做了详细的说明,借以突出数学思想的计算机应用效果,使得数学与计算机应用能密切结合。本书通过数制、排列与组合、数论、逻辑、矩阵等教学内容训练学生的数学思维,以 C 语言、Java语言和 Python 语言的编程基础、递归、经典算法和排序方法来训练学生的编程思维,从中积累专业课需要用到的数学知识,加强在算法实现过程中的数学原理及其推导过程、编程思路等方面的训练。

　　本书突破常规数学课纯理论教学的方式、计算机编程课重在编程而容易忽略编程的思维方式,保证知识的系统性、计算机编程实现算法的有效性,突出数学知识与编程思维相结合的特点。传统的数学学科教学注重学科知识的系统性和理论推导,学生缺乏对"数学应用价值"的理解,难以体现相关数学知识的闪光点和数学知识的应用效果。本书结合专业课需要的数学知识,加强算法实现过程中需要的数学原理及其推导过程、编程思路的训练,为专业课的教学和学习做了良好的知识储备。本书通过设计科学的教学内容和教学顺序,通过手工计算、推导过程与计算机编程实现"并行教学"的方式,激发学生浓厚的学习兴趣,高效实施教学,是一本易教易学的教材。

　　本书适用于高等职业教育中的软件技术、计算机网络技术、人工智能、计算机应用技术和大数据等计算机类专业的计算机数学课程教材,也可用于应用数学、计算机爱好者自学的参考书,建议学时 80 学时。

　　本书在编写过程中得到有关数学教师和计算机专业教师的大力支持,同时采纳他们提出的宝贵意见,在此向他们表示衷心的感谢。

编者

2021 年 3 月

目　　录

第1章 数 制

计算机只认得 0 和 1 这两个数字,其他的数字、文字或字符等都是通过这两个数字进行相应的编码,才能使计算机理解。本章主要介绍不同数制之间的转换,以及如何用计算机编程的方法实现数制之间的转换。

1.1 数 制

1.1.1 进位计数制

我们都知道计算机内部采用的是二进制系统(即逢二进一),其主要原因有:

(1)技术实现简单:因为逻辑电路是计算机的重要组成部分,通常只有两个状态,即开关的接通和断开,这两个状态正好可以用 0 和 1 表示。

(2)运算规则简单:二进制只有和、积这两种运算,有利于简化计算机内部结构,提高运算速度。

(3)适合逻辑运算:逻辑代数是逻辑运算的理论依据,二进制只有两个数码,正好与逻辑代数中的"真"和"假"相吻合。

(4)易于进行转换:二进制与十进制之间容易互相转换。

我们熟悉的十进制是由 0～9 这十个数字按照"逢十进一,借一当十"的原则组成的数。除了十进制系统和二进制系统之外,历史上还出现过其他一些计数系统,如古代中美洲的玛雅人采用的二十进制,古巴比伦人采用的六十进制等。一般地,表示年采用十二进制,表示时间的分、秒采用六十进制。

1.1.1.1 进位制数表示法

在数制表示中,表示数值所用符号的个数称为基数。例如:十进制每个数位上允许选用的数为 0～9 共十个数码,即表示十进制所用符号有 10 个,从而十进制数的基数为 10;二进制数中只有 0 和 1 两个数码,从而二进制的基数为 2;同理可知,八进制数的基数为 8,十六进制数的基数为 16。二进制数选用 0 和 1 这两个数码作为数位数码;八进制数选用 0～7 这八个数码作为数位数码;十进制数选用 0～9 这十个数码作为数位数码;十六进制数选用 0～9、A～F 这十六个数码作为数位数码。为区分不同的数制,数学上常把数值写在括号内、右下角写上数制区分符。例如 $(110)_2$ 表示二进制数,$(1835)_{10}$ 表示十进制数,$(265)_8$ 表示八进制数,$(2D9B)_{16}$ 表示十六进制数。

1.1.1.2　位权

在一个数中,不同位置的数码所代表的数值是不同的。例如:$(1367.82)_{10}$,从小数点开始往左数的第一个数码 7 表示 7×10^0,第二个数码 6 表示 6×10^1,第三个数码 3 表示 3×10^2,第四个数码 1 表示 1×10^3;从小数点开始往右数的第一个数码 8 表示 8×10^{-1},第二个数码 2 表示 2×10^{-2}。这里 10^{-2}、10^{-1}、10^0、10^1、10^2、10^3 通常称为位权。它是以该数制的基数为底、数位的序号减 1(当数值在小数点左边时)为指数的数。通过位权,每一个数都可以用它相应的位权来表示。例如:

$$(10110.11)_2 = 1 \times 2^4 + 0 \times 2^3 + 1 \times 2^2 + 1 \times 2^1 + 0 \times 2^0 + 1 \times 2^{-1} + 1 \times 2^{-2}$$
$$= (22.75)_{10},$$

$$(1628.4)_{10} = 1 \times 10^3 + 6 \times 10^2 + 2 \times 10^1 + 8 \times 10^0 + 4 \times 10^{-1} = (1628.4)_{10},$$

$$(3B9F)_{16} = 3 \times 16^3 + 11 \times 16^2 + 9 \times 16^1 + 15 \times 16^0$$
$$= (15263)_{10},$$

$$(7231.2)_8 = 7 \times 8^3 + 2 \times 8^2 + 3 \times 8^1 + 1 \times 8^0 + 2 \times 8^{-1}$$
$$= (3737.25)_{10}.$$

1.1.2　二进制运算

二进制算术运算的基本规律与十进制算术运算的基本规律十分相似。由于二进制是用 0 和 1 两个数码表示的,基数是 2,故与十进制数的运算规则"逢十进一,借一当十"一致,二进制数的运算规则是"逢二进一,借一当二"。二进制常用的运算是加法和乘法运算。下面介绍二进制的运算。

1.1.2.1　二进制加法

二进制加法按照以下四种情况进行运算:

$$0 + 0 = 0, 0 + 1 = 1, 1 + 0 = 1, 1 + 1 = 10(进位为 1).$$

例 1
$$(1001.01)_2 + (100.11)_2 = (1110.00)_2.$$
$$(101111.01)_2 + (10110.11)_2 = (1000110.00)_2.$$
$$(10110.11)_2 - (1001.10)_2 = (1101.01)_2.$$

其算式分别为

$$
\begin{array}{r}
1001.01 \\
+\ \ 100.11 \\
\hline
1110.00
\end{array}
\qquad
\begin{array}{r}
101111.01 \\
+\ 10110.11 \\
\hline
1000110.00
\end{array}
\qquad
\begin{array}{r}
10110.11 \\
-\ 1001.10 \\
\hline
1101.01
\end{array}
$$

1.1.2.2　二进制乘法

二进制乘法按照以下四种情况进行运算:

$$0 \times 0 = 0, 1 \times 0 = 0, 0 \times 1 = 0, 1 \times 1 = 1.$$

例 2
$$(11011)_2 \times (1101)_2 = (101011111)_2.$$

其算式为

$$
\begin{array}{r}
11011 \\
\times \quad 1101 \\
\hline
11011 \\
11011 \\
11011 \\
+ \quad 11011 \\
\hline
101011111
\end{array}
$$

由此可见,二进制运算只涉及两个数(0 和 1),这样使得计算简单并且容易在计算机上实现。

1.2 数制间的转换

1.2.1 二进制数与十进制数之间的转换

计算机中经常涉及二进制数与十进制数之间的相互转换,例如管理 IP 地址。二进制数转换成十进制数,只要采用以二进制的基数"2"为底、按位权展开相加的方式进行即可。例如

$$(111011.01)_2 = 1\times2^5 + 1\times2^4 + 1\times2^3 + 0\times2^2 + 1\times2^1 + 1\times2^0 + 0\times2^{-1} + 1\times2^{-2}$$
$$= (59.25)_{10}.$$

因此,二进制数转换为十进制数并不算难,但十进制数转换为二进制数稍微复杂,须对整数和小数部分分别进行,因此以下只介绍十进制数转换为二进制数。由于 2、8、16 这三个数之间存在着一定的等量关系,因此二进制数与八进制数、十六进制数之间有着非常密切的关系,故二进制数与八进制数、十六进制数之间进行转换比较容易。

下面讨论如何把十进制数转换为二进制数。

1.2.1.1 十进制整数转换为二进制整数

把十进制整数转换为二进制整数,通常采用"除二取余"法,即把十进制整数连续除以 2,依次求得余数,直到商为 0 时停止,然后从高位到低位按从左至右的顺序排列余数即可得到相应的二进制整数。

例 3 将十进制整数 $(52)_{10}$ 和 $(302)_{10}$ 转换为二进制整数。

解

$$
\begin{array}{r|l}
2\,\underline{|\,52} & \text{余数} \\
2\,\underline{|\,26} & 0 \quad \cdots\cdots \text{最低位,放最右边} \\
2\,\underline{|\,13} & 0 \\
2\,\underline{|\,6} & 1 \\
2\,\underline{|\,3} & 0 \\
2\,\underline{|\,1} & 1 \\
\hline
0 & 1 \quad \cdots\cdots \text{最高位,放最左边}
\end{array}
$$

所以$(52)_{10} = (110100)_2$。

$$
\begin{array}{r|l|l}
2 & 302 & \text{余 数} \\
2 & 151 & 0 \quad \cdots\cdots\text{最低位，放最右边} \\
2 & 75 & 1 \\
2 & 37 & 1 \\
2 & 18 & 1 \\
2 & 9 & 0 \\
2 & 4 & 1 \\
2 & 2 & 0 \\
2 & 1 & 0 \\
  & 0 & 1 \quad \cdots\cdots\text{最高位，放最左边}
\end{array}
$$

所以$(302)_{10} = (100101110)_2$。

1.2.1.2　十进制小数转换为二进制小数

把十进制小数转换成二进制小数的方法,通常采用"乘 2 取整"法,即将十进制小数连续乘以 2,依次取其整数,直到乘积的小数部分为 0 时停止,然后依次从高位到低位按从左至右的顺序排列整数即可。

例 4　将十进制数$(0.0625)_{10}$转换成二进制数。

解

$$
\begin{array}{r|l}
0.0625 & \text{取整数} \\
\times \quad 2 & \\
\hline
0.1250 & 0 \quad \cdots\cdots\text{小数最高位，放最左边} \\
\times \quad 2 & \\
\hline
0.2500 & 0 \\
\times \quad 2 & \\
\hline
0.5000 & 0 \\
\times \quad 2 & \\
\hline
0.0000 & 1 \quad \cdots\cdots\text{小数最低位，放最右边}
\end{array}
$$

所以,$(0.0625)_{10} = (0.0001)_2$。

例 5　把$(62.83)_{10}$转换成二进制数,并且小数部分要求取五位。

解　这是一个既有整数又有小数的十进制数,需要将两部分分别进行转换,然后再相加。

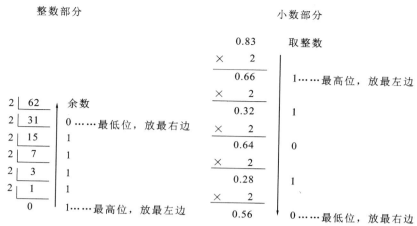

整数部分　　　　　　　　　　　　　　　小数部分

所以，$(62.83)_{10} = (111110.11010)_2$。

1.2.2　二进制整数与八进制、十六进制整数之间的转换

除了二进制数，计算机中还经常涉及八进制数或十六进制数。因此，我们还应该掌握它们之间相互转换的方法。

1.2.2.1　将二进制整数转换成八进制、十六进制整数

将二进制整数转换成八进制整数或十六进制整数的方法：从小数点开始，分别向左（整数部分）、向右（小数部分）按 3 位（转换成八进制数）或 4 位（转换成十六进制数）分组，最后不满 3 位或 4 位时，则可以填 0 补充；再将每组用对应的八进制整数或十六进制整数代替，如表 1-1 所示，即可得相应的八进制整数或十六进制整数。

表 1-1　每组二进制整数与八进制整数、十六进制整数之间的关系

每组 3 位二进制整数中各位上的 1	1	1	1	每组 4 位二进制整数中各位上的 1	1	1	1	1
对应的八进制整数	4	2	1	对应的十六进制整数	8	4	2	1

例 6　将二进制整数$(10101100011101011111)_2$分别转换为八进制整数和十六进制整数。

解　把二进制整数按每 3 位一组进行分组，最高位不满 3 位可以补 0，得

二进制数：　　　　　10　101　100　011　101　011　111

或写成二进制数：　　⓪⓪0　101　100　011　101　011　111（最高位不满 3 位，补 0）

对应的八进制数：　　2　　5　　4　　3　　5　　3　　7

所以$(10101100011101011111)_2 = (2543537)_8$。

把二进制整数按每 4 位一组进行分组，最高位不满 4 位补 0，得

二进制数：　　　　　1010　1100　0111　0101　1111（最高位满 4 位，不用补 0）

对应的十六进制数：　A　　C　　7　　5　　F

所以$(10101100011101011111)_2 = (AC75F)_{16}$。

1.2.2.2　将八进制整数或十六进制整数转换成二进制整数

将八进制整数或十六进制整数转换成二进制整数的方法：将八进制整数或十六进制整数的每一位分别用对应的 3 位或 4 位二进制整数来表示即可。

例 7　把八进制整数$(17423)_8$和十六进制整数$(A972CD4)_{16}$分别转换为二进制整数。

解　八进制整数：　　1　　　7　　　4　　　2　　　3

对应的二进制整数：001　　111　　100　　010　　011

所以$(17423)_8 = (1\ 111\ 100\ 010\ 011)_2$。

十六进制整数：　　　A　　9　　7　　2　　C　　D　　4

对应的二进制整数：1010　1001　0111　0010　1100　1101　0100

所以$(A972CD4)_{16} = (1010\ 1001\ 0111\ 0010\ 1100\ 1101\ 0100)_2$。

1.3　用编程方法实现数制间的转换

本节程序是用 C 语言或 Java 语言编写的。读者可以根据需要解决的问题使用其他语言编写程序。

1.3.1　将十进制整数转换成二进制整数

1.利用 C 语言编写的程序

```c
# include<stdio.h>
main()
{
    int a;
    char s[20];
    int i=0,rem;
    printf("请输入一个十进制整数:\n");
    scanf("%d",&a);
    do
    {
        rem=a%2;    // rem 是 a 除以 2 的余数,2 是二进制的基数
        //把 2 改成 8、16,即可把十进制整数转换为八制或十六进制整数
        a=a/2;      // a 除以 2 的商再赋给 a
        s[i]=rem;   // s[i]就是由余数 rem 组成的数组的第 i 个元素
        i+ + ;
    } while(a! =0);       // 直到 a 为 0 时结束算法
    printf("输出的二进制整数:");
    while(i>0)
    {
```

```
        i=i-1;
    //需要把前面得到的余数放在最后,后面得到的余数放在最前面,即反序排列
        printf("%d",s[i]);   //或者这两句合为一句:printf("%d",s[- - i]);
    }
    printf("\n");
}
```

或者用下面的程序代码:

```c
# include <stdio.h>
int main()
{
    int n,a[100], i=0, j;
    printf("请输入一个十进制整数:");
    scanf("%d",&n);
    while(n!=0)
    {
        a[i]=n%2 ;
        i =i+1;
        n =n/2 ;
    }
    printf("输出的二进制整数:");
    for( j =i- 1; j>=0; j- - )
    //由于数组下标是从 0 开始到 i-1,故下标应该从最后一个开始输出
        printf("%d",a[j]);
    printf("\n");
    return 0;
}
```

2.利用 Java 语言编写的程序

```java
package cc;
import java.util.Scanner;
public class bb {
    public static void main(String[] args) {
        int[] s=new int[50];
        int i=0,rem;
        System.out.printf("请输入一个十进制整数:\n");
        Scanner sc =new Scanner(System.in);
        int a=sc.nextInt();
        do
        {
            rem=(a%2);        // rem 是 a 除以 2 的余数,2 是二进制的基数
            //把 2 改成 8、16 即可把十进制整数转换为八进制或十六进制整数
```

```
        a=(int)(a/2);          // a 除以 2 的商再赋给 a
        s[i]=rem;       // s[i]就是由余数 rem 组成的数组的第 i 个元素
        i++;
    } while(a!=0);              // 直到 a 为 0 时结束算法
    System.out.printf("输出的二进制整数:");
    while(i>0)
    {
        i=i-1;
//需要把前面得到的余数放在最后,后面得到的余数放在最前面,即反序排列
        System.out.printf("%d",s[i]);
        //或者这两句合为一句:printf("%d",s[- - i]);
    }
    System.out.printf("\n");
    }
}
```

1.3.2　将十进制小数转换成二进制小数

1.利用 C 语言编写的程序

```
# include<stdio.h>
# include<stdlib.h>
# define NUM 2
# define ZERO 0.000001
//整数部分的转换
void integer(int n)
{
    if(n>0)
    {
        integer(n/NUM);
        printf("%d",n%NUM);
    }
}
//小数部分的转换
void decimal(double m)
{
    if(m>ZERO)
    {
    m=m* NUM;
    printf("%d",(long)m);
    decimal(m-(long)m);
```

```
        }
    }
    int main()
    {
        double f;
        long n;
        printf("请输入一个十进制的小数:");
        scanf("%lf",&f);
        if(f<0)
        {
            printf("- ");
            f=-f;
        }
        n=(long)f;
        printf("转换成%d进制的小数为:",NUM);
        integer(n); //调用整数部分的转换函数
        printf(".");
        decimal(f-n); //调用小数部分的转换函数
        printf("\n");
        system("pause");
        return 0;
    }
```

2. 利用 Java 语言编写的程序

```java
package cc;
import java.util.Scanner;
public class bb {
    //double ZERO=0.000001;
    //整数部分的转换
    public static void integer(int n)
    {
        if(n>0)
        {
            integer(n/2);
            System.out.printf("%d",n%2);
        }
    }
    //小数部分的转换
    public static void decimal(double m)
    {
        if(m>0.000001)
```

```
        {
            m=m* 2;
            System.out.printf("%d",(long)m);
            decimal(m-(long)m);
        }
    }
    public static void main(String[] args) {
        int n;
        System.out.printf("请输入一个十进制的小数:");
        Scanner sc =new Scanner(System.in);
        double f=sc.nextDouble();
        if(f<0)
        {
            System.out.printf("- ");
            f=-f;
        }
        n=(int)f;
        System.out.printf("转换成二进制的小数为:");
        integer(n); //整数部分的转换
        System.out.printf(".");
        decimal(f-n); //小数部分的转换
        System.out.printf("\n");
    }
}
```

1.3.3 将十六进制数转换成十进制数

1. 用 C 语言编写的程序

```
# include<stdio.h>
main()
{
    int i=0;
    int value=0;
    char ch[10];
    printf("请输入一个十六进制数:");
    gets(ch);
    while (ch[i])
    {
        if(ch[i]>='A'&&ch[i]<='F')
            value=(ch[i]- 55)+16* value;
```

```
        else if(ch[i]>='a'&&ch[i]<='f')
            value=(ch[i]-87)+16* value;
        else if(ch[i]>='0'&&ch[i]<='9')
            value=(ch[i]-48)+16* value;
        else
        {
            printf("输入有误\n");
            break;
        }
    i++;
    }
    printf("十进制数为%d\n",value);
}
```

2. 利用 Java 语言编写的程序

```java
package cc;
import java.util.Scanner;
public class bb {
    public static void main(String[] args) {
        System.out.printf("请输入一个十六进制整数:");
        Scanner sc =new Scanner(System.in);
        String hexadecimal;
        hexadecimal=sc.next();
        toDecimal(hexadecimal);
    }
    public static void toDecimal(String hexadecimal){
        char[] hex =hexadecimal.toCharArray();
        char[] ch ={'0','1','2','3','4','5','6','7','8','9','A','B','C','D','E','F'};
        int sum =0;
        for(int i =1 , k=hex.length, d =1 ; i <=k ; i ++, d *=16){
            for(int j =0 ; j <16 ; j++){
                if(hex[k-i]==ch[j]){
                    sum +=j *  d;
                }
            }
        }
        System.out.println(sum);
    }
}
```

1.3.4　将十进制数转换成十六进制数

```
//十进制整数转换为十六进制整数
# include <stdio.h>        //C语言程序
main()
{
    int u10;
    char u16[10];
    int w=0,a,b,i;
    printf("请输入一个十进制整数- - >");
    scanf("%d",&u10);
    if(u10==0)
     {
         u16[0]='0';   w++;
     }
    else
     {
         a=u10;
         while(a)
          {
             b=a%16;
             if(b<10)
              {
                  u16[w]='0'+b;
              }
             else
              {
                  u16[w]='A'+b-10;
              }
             a=a/16;
             w++;
          }
     }
    printf("\n");
    printf("%d(10)转换为十六进制数为:",u10);
    for(i=w-1; i>=0; i--)
     {
         printf("%c",u16[i]);
     }
    printf("\n");
}
```

下面是十进制整数转换为二进制整数的程序。

```
# include<stdio.h>        //C 语言程序
# include<conio.h>
main()
{
        int d,n,i,j,a[50],Outformat=1;
        printf("输入一个十进制整数:");
        scanf("%d",&n);
        if(n==0)
            printf("\n 十进制 0 转换二进制数:0");
        else
        {
            printf("\n 十进制整数 %d 转换二进制整数:1",n);
            for(i=1; n!=1; ++i)
            {
                d=n%2;
                a[i]=d;
                n=n/2;
            }
            for(j=i-1; j>0; --j)
            {
                if (Outformat%4==0) //取模是为了每 4 个一组
                    printf(" ");
                ++Outformat;
                printf("%d",a[j]);
            }
        }
        getch();
}
```

如果要将十进制数转换为 B 进制数,也可以采用除以基数 B 再取余数的方法来求得,即与十进制整数化为二进制整数的方法相同,只是将除数由 2 改为 B 进制数的基数 B 即可。

只要能将任意一个数转换为十进制数,此时又有将十进制数转换为任意进制数的方法,通过十进制数进行转换,即可进行任意进制数之间的转换了。利用这种思路编写出以下进制转换程序,可在任意两种进制数之间进行转换。

1.3.5　不同数制之间的转换

直接调用 C 语言中的 itoa 函数编程,可实现各种数制之间的转换。

```
# include <stdio.h>        //C 语言程序
# include <stdlib.h>
main()
```

```
    {
        char ch[100];
        int a,b;
        printf("请输入一个十进制整数:");
        scanf("%d",&a);
        printf("请输入要转换成的进制:");
        scanf("%d",&b);
        itoa(a,ch,b);    //将 int 类型按进制转换成 char 数组
                //把十进制数 a 转换为 b 进制数之后,保存在变量 ch 中
        printf("%s\n",ch);
    }
```

C 语言提供了几个标准库函数,可以将任意类型(整型、长整型、浮点型等)的数字转换为字符串。下面列举各函数的方法及其说明。

- itoa():将整型值转换为字符串。
- ltoa():将长整型值转换为字符串。
- ultoa():将无符号长整型值转换为字符串。
- gcvt():将浮点型数转换为字符串,取四舍五入。
- ecvt():将双精度浮点型值转换为字符串,转换结果中不包含十进制小数点。
- fcvt():指定位数为转换精度,其余同 ecvt()。

除此之外,还可以使用 sprintf 系列函数把数字转换成字符串,但其比 itoa()系列函数运行速度慢。下面的程序是实现不同数制的整数之间转换的程序代码:

```
# include<stdio.h>//C 语言程序
int main()
{
    printf("请输入一个十进制数:");
    int a, b, i;
    char charx[50];
    scanf("%d", &a);
    printf("你希望你的十进制数被转换为几进制数? \n 请输入(2~ 16)\n");
    scanf("%d", &i);
    printf("%d 转换为%d 进制数是:", a, i);
    for (b=0; b<=50;b++)
    {
        int x;
        x =a %i;
        if (x>9)
            charx[b]=x+55;
        else
            charx[b]=x+48;        //48 是 0 的 ASCII 码
        a=a/i;
```

```
        if (a==0)
                break;
        }
    for (; b>=-1;b--)
            printf("%c", charx[b]);
    }
```

练　习

1. 计算下面各式。

(1)$(11011011)_2 + (1101101)_2 + (110111)_2$;

(2)$(1101111101)_2 + (1101101001)_2$;

(3)$(110101)_2 + (10111011)_2 - (1000111)_2$;

(4)$(101110110)_2 - (111011)_2 + (1011101)_2$;

(5)$(1110111)_2 \times (10111)_2$;

(6)$(110111)_2 \times (1011101)_2$。

2. 把下列十进制数转换为二进制数(保留 6 位小数)。

(1)$(190873)_{10}$;　　　　　　(2)$(1243)_{10}$;　　　　　　(3)$(42167)_{10}$;

(4)$(948.367)_{10}$;　　　　　　(5)$(4638.983)_{10}$;　　　　(6)$(98676.32)_{10}$;

(7)$(363423)_{10}$;　　　　　　(8)$(1092.14)_{10}$;　　　　　(9)$(9764)_{10}$。

3. 把下列各进制的数转换为十进制数。

(1)$(11111010011101)_2$;　　(2)$(111100011110101)_2$;　(3)$(1111011.0111)_2$;

(4)$(1752)_8$;　　　　　　　　(5)$(84A5D)_{16}$;　　　　　　(6)$(16435)_8$;

(7)$(F9AD6)_{16}$;　　　　　　(8)$(1098E.23)_{16}$;　　　　　(9)$(736.61)_8$。

4. 把下列八进制数或十六进制数转换为二进制数。

(1)$(AD982)_{16}$;　　　　　　(2)$(23671)_8$;　　　　　　　(3)$(48CFA)_{16}$;

(4)$(62574)_8$;　　　　　　　(5)$(1039C4)_{16}$;　　　　　　(6)$(325741)_8$。

5. 把下列二进制数分别转换为八进制数或十六进制数。

(1)$(11010111010011)_2$;　　(2)$(10001111010111)_2$;

(3)$(11111101101)_2$;　　　　(4)$(10110111101)_2$;

(5)$(1010010110101)_2$;　　　(6)$(11101110111111)_2$。

第 2 章　排列与组合

无论是在日常生活中还是在编程中,准确无误地计数都是非常重要的。那么如何才能做到呢? 简而言之,就是要不遗漏、不重复地去计数。本章介绍加法法则、乘法法则、置换、排列、组合等计数方法。

计数时必须要注意的是"遗漏"和"重复"。

"遗漏"是指没有数完所有的数,有漏数的情况,即数错了,明明还有没数到的数,却错认为已经数过了。

"重复"与"遗漏"恰恰相反,是将已经数了的数,又多数了一次或多次。

2.1　引　例

2.1.1　植树问题

例 1　在一条长 100 米的路上,从路的一端起每隔 10 米种一棵树。那么需要种多少棵树?

解　从路的一端起,每隔 10 米种一棵树的意思,就是在距离路的一端 10、20、30、40、50、60、70、80、90、100 米的位置种树,共 11 棵树,如图 2-1 所示。

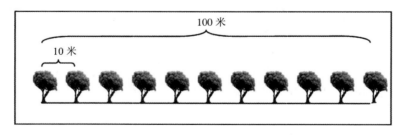

图 2-1

这是常见的植树问题。有些人可能会下意识地计算为 $100 \div 10 = 10$,认为只要种 10 棵树就够了。

可以这样计算:在一条长 100 米的路上,从路的一端起每隔 10 米种一棵树,则需要种 $100 \div 10 + 1 = 11$ 棵树。因此,如果在一条长 1000 米的路上,从路的一端起每隔 5 米种一棵树,则需要种 $1000 \div 5 + 1 = 201$ 棵树。

2.1.2　编码问题

例 2　计算机内存中排列着程序要处理的 100 个数据。从第 1 个数据开始顺次编号为 0

号,1 号,2 号,3 号,…,那么最后一个数据的编号是多少?

解 这 100 个数据,第 1 个、第 2 个、第 3 个、第 4 个数据顺次编号为 0 号、1 号、2 号、3 号,按此规律,最后一个(即第 100 个)数据的编号应该是 99 号,如图 2-2 所示。

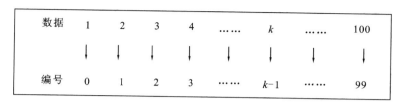

图 2-2

即最后一个数据的编号是 99。

编号问题与植树问题的本质是相同的。通常,将 n 个数据从 0 开始编号,最后一个数据是 $n-1$ 号。因此,不管有多少个数据,只要抓住"第 n 个数据是 $n-1$ 号"这个规律来将计数对象与整数对应起来,就能正确地得到结果。故找到计数的规律是很重要的。

下面第 2.2 节、第 2.3 节则讨论与计数有关的法则。

2.2 加 法 法 则

2.2.1 加法法则

完成一件事情,如果有 k 类互不关联的方法,每类方法中又有 $n_i(i=1,2,3,\cdots,k)$ 种不同的具体方法,使用其中任何一种方法都能独立完成这件事,则完成该件事情的不同方法种数为

$$n_1+n_2+n_3+\cdots+n_k.$$

例 3 在一副扑克牌中,有 10 张红桃数字牌(A、2、3、4、5、6、7、8、9、10),3 张红桃花牌(J、Q、K)。那么红桃共有多少张?

解 由于数字牌有 10 张,加上花牌 3 张,共有 13 张牌。故红桃共有 13 张。

上面的问题非常简单,它所使用的就是加法法则。加法法则就是将无"重复"元素两个集合 A、B 相加,得到 $A\cup B$ 的元素个数,即

$A\cup B$ 的元素个数＝A 的元素个数＋B 的元素个数.

在上题中,集合 A 就相当于红桃数字牌,集合 B 就相当于红桃花牌。

但是,加法法则只能在集合之间没有重复元素的条件下成立。

例 4 从甲地到乙地,可乘坐汽车、轮船或火车中的任何一种。汽车每日有 12 班,轮船每日有 3 班,火车每日有 9 班。问从甲地到乙地,在一日当中共有多少种不同的走法?

解 从甲地到乙地,可乘三类交通工具:汽车、轮船或火车。这三类乘坐方法互不关联,即没有重复方法,使用其中任何一类方法都能独立完成从甲地到乙地。因此使用加法法则得,从甲地到乙地不同的走法共有

$$12+3+9=24 \text{ 种}.$$

即从甲地到乙地,在一日当中共有 24 种不同的走法。

2.2.2 容斥原理

例 5 有一个装置,只要往里面放入一张牌,它就会根据牌的级别控制灯泡亮灭。设放入

的扑克牌的级别为 n（即 1～13 的整数），并规定：

（1）如果 n 是 2 的倍数，则亮灯；

（2）如果 n 是 3 的倍数，也亮灯；

（3）如果 n 既不是 2 的倍数，也不是 3 的倍数，则灭灯。

往这个装置中依次放入 13 张红桃扑克牌，其中亮灯的共有多少张牌？

解 在 1～13 的数字里面，2 的倍数有 2、4、6、8、10、12，共 6 个；

在 1～13 的数字里面，3 的倍数有 3、6、9、12，共 4 个；

在 1～13 的数字里面，既是 2 的倍数也是 3 的倍数的数字有 6 和 12，共 2 个。

因此，亮灯的牌有 6＋4－2＝8 张。

在例 5 中，2 的倍数和 3 的倍数中有"重复"的数字，即 2 的倍数和 3 的倍数的共同部分（即重复部分），就是 6 的倍数，如图 2-3 所示。

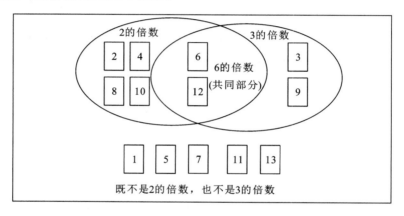

图 2-3

其中 2 的倍数的个数，加上 3 的倍数的个数，再减去重复的个数，就体现了容斥原理（the principle of inclusion exclusion）。容斥原理是"考虑了有重复元素的加法法则"。其元素个数的关系式为

$A \cup B$ 的元素个数＝A 的元素个数＋B 的元素个数－A 和 B 共同的元素个数.

容斥原理是在集合之间有重复元素的条件下成立的。因此，在使用容斥原理时，必须弄清"重复的元素个数有多少"。上面是"认清计数对象性质"的一个例子。

2.3 乘 法 法 则

完成一件事情，如果有 k 个相互关联的步骤，要依次完成这些步骤该事情才能完成，而每一个步骤中又有 $n_i(i＝1,2,3,\cdots,k)$ 种不同的具体方法。则完成这件事情的不同方法种数有

$$n_1 \times n_2 \times n_3 \times \cdots \times n_k.$$

注意，加法法则与乘法法则的主要区别有：

（1）加法法则中，完成某件事有互不关联的 k 类方法，每一类方法中又有 n_i 种不同的具体方法。只要使用第 k 类方法中某一种不同的具体方法，这件事就能完成。

（2）乘法法则中，完成某件事有相互关联的 k 个步骤，每一个步骤中又有 n_i 种不同的具体方法。只有在 k 个步骤中，每一个步骤都要使用其中一种不同的具体方法，这件事才能完成。

例 6 将 3 个写有数字 1～6 的骰子并列放置,形成一个 3 位数,共能形成多少个数字? 如图 2-4 所示,3 个骰子并列放置形成的数字是 256。

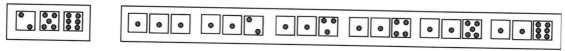

图 2-4   图 2-5

解 第 1 个骰子有 1、2、3、4、5、6,共有 6 种情况。

与第 1 个骰子的 6 种情况相对应,对于第 1 个骰子的每种情况,第 2 个骰子也有 6 种情况。因此前 2 个骰子共有 6×6 种情况。

与第 1 个骰子的 6 种情况对应的第 2 个骰子也有 6 种情况,则在此基础上第 3 个骰子也有 6 种情况。其中,图 2-5 就是前面 2 个骰子都取数字 1,第 3 个骰子有 6 种取值的情况。因此 3 个骰子共有 6×6×6 种情况,故共能形成 6×6×6＝216 个数字。

对于上述这种情况,每 1 个骰子表示的数字分别有 6 种情况,每个骰子对应的数字可以重复,也可以不重复,往往只需要乘法法则便可计算出结果。

一般地,对于乘法法则有两个集合 A、B。现假设要将集合 A 的所有元素与集合 B 的所有元素组合起来。这里组合的总数就是两个集合的元素数相乘所得出的结果,即

$$A \times B \text{ 的元素个数} = A \text{ 的元素个数} \times B \text{ 的元素个数}.$$

例 7 在两位数中,有多少个两位数字? 要求满足两个数字都互异、都不能取零。

解 由于组成两位数的两个数字,要求满足都互异、都不能取零的条件,则十位数只有从 1～9 的 9 个数字中任取一个,有 9 种取法;而个位数只能在十位数取剩下的 8 个数字中任取一个,有 8 种取法。又由于个位数、十位数都必须分别取一个数字才能构成一个两位数,因此根据乘法法则,共有 9×8＝72 个两位数字。

例 8 1 个灯泡有亮和灭两种状态。如果将 32 个这样的灯泡排成一排,则共有多少种亮灭模式?

解 第 1 个灯泡有亮和灭两种状态,与之对应,第 2 个灯泡也有亮和灭两种状态,…,第 32 个灯泡也有亮和灭两种状态。如将 32 个这样的灯泡排成一排计算亮灭模式,必须把 32 个灯泡中的每一个灯泡都观察其亮、灭状态,才能得到一种亮灭模式。因此,根据乘法法则,32 个灯泡排成一排,其亮灭模式共有

$$\underbrace{2 \times 2 \times 2 \times \cdots \times 2}_{32 \text{ 个}} = 2^{32} = 4294967296 \text{ 种}.$$

因此,共有 4294967296 种亮灭模式。

上述 32 个灯泡的亮灭模式数,和用 0、1 表示的 32 位二进制数值的总数是一样的。因此,用 32 位二进制数值的总数有 $2^{32} = 4294967296$ 个。

由于二进制的每位数码只能是 0 或 1,故 n 位二进制可表示数值的总数为 2^n 个。这是编程工作者必须掌握的基本知识。

2.4 置换和阶乘

例 9 如果将 A、B、C 这 3 张牌按 ABC、ACB、BAC、BCA 等顺序排列,共有多少种排法?

解 A、B、C 这 3 张牌的排列总数,可以通过下面的步骤得出:

第 1 张牌(即最左边的牌)从 A、B、C 这 3 张牌中选出一张,故第 1 张牌有 3 种选法。

第 2 张牌从已选出的第 1 张牌以外的 2 张牌中选一张,故第 2 张牌有 2 种选法。

第 3 张牌,由于第 1 张、第 2 张牌选好之后,只剩下 1 张牌,故第 3 张牌只有 1 种选法。

因此,3 张牌的所有排列总数,可以通过如下的计算方法得出:

第 1 张牌的选法×第 2 张牌的选法×第 3 张牌的选法=3×2×1=6 种.

例 10 如果有 6 张牌按上例 9 的顺序进行排列,共有多少种排法?

解 其排列的方法共有

$$6×5×4×3×2×1=720 种.$$

上面的例子都是考虑 n 个事物进行全部的排列。这种对 n 个事物按顺序进行排列的方法,称为置换,其排列的方法有 $n×(n-1)×\cdots×3×2×1$ 种。

在数学上,把 $1×2×3×\cdots×(n-1)×n$ 的算法,称为 n 的阶乘,记为 $n!$,即

$$n!=1×2×3×\cdots×(n-1)×n.$$

并且规定:

$$0!=1.$$

2.5 排　　列

在 2.4 节的置换学习中,我们罗列了 n 个事物的所有排列方法。下面我们将学习从 n 个事物中取出一部分进行排列的方法。

例 11 现有 A、B、C、D、E 共 5 张牌。要求从这 5 张牌中取出 3 张牌进行排列,共有多少种排法?

解 排列与置换一样,是要考虑顺序的。例如,ABC 和 ACB 都是由 A、B、C 这 3 张牌组成的,但是它们的顺序不同,是不同的排列,需要区别对待。

由于第 1 张牌的取法有 5 种,第 2 张牌的取法有 4 种,第 3 张牌的取法有 3 种。因此有 $5×4×3=60$ 种排法。

像例 11 这样,考虑从 n 个事物中取出 $k(k≤n)$ 个事物按一定顺序进行排列的方法称为排列,其排列的总数记为 P_n^k。其排列的方法数分析如下:

第 1 个事物,是从 n 个事物中取出 1 个,有 n 种方法。

第 2 个事物,是从第 1 个事物取完后剩下的 $n-1$ 个事物中取出 1 个,有 $n-1$ 种方法。

第 3 个事物,是从第 2 个事物取完后剩下的 $n-2$ 个事物中取出 1 个,有 $n-2$ 种方法。

……

第 k 个事物,是从第 $k-1$ 个事物取完后剩下的 $n-(k-1)$ 个事物中取出一个,有 $n-(k-1)$ 种方法。

因此,从 n 个事物中取出 k 个事物进行排列,其排列方法的总数有

$$\underbrace{n×(n-1)×(n-2)×\cdots×[n-(k-1)]}_{k 个数}$$

即

$$P_n^k=\underbrace{n×(n-1)×(n-2)×\cdots×[n-(k-1)]}_{k 个数}.$$

又由于

$$\underbrace{n×(n-1)×(n-2)×\cdots×[n-(k-1)]}_{k 个数}=\frac{n×(n-1)×(n-2)×\cdots×2×1}{(n-k)×[n-(k+1)]×[n-(k+2)]×\cdots×2×1}$$

$$= \frac{n!}{(n-k)!}.$$

所以，从 n 个事物中取出 k 个事物的排列数可以用阶乘来表示，即

$$P_n^k = \frac{n!}{(n-k)!}.$$

例 11 中，从 5 张牌中取出 3 张牌进行排列时，$n=5$，$k=3$，因此排列数为 $P_5^3 = 5 \times 4 \times 3 = 60$，或 $P_5^3 = \dfrac{5!}{(5-3)!} = 60$。

下面考虑稍复杂点的排列问题。

例 12　7 个人站成一排照相，分别满足以下条件，各有多少种排列方法？

(1) 某人必须排在最中间；

(2) 某两人必须站在两边；

(3) 某人不站在最中间，也不站在两边；

(4) 某两人必须站在一起。

解　(1) "某人必须排在最中间"，则先请他站好位置（即最中间）有 1 种方法，其他还有 6 个位置 6 个人可以任意排列。不同的排法共有

$$P_6^6 = 6 \times 5 \times 4 \times 3 \times 2 \times 1 = 720 \text{ 种}.$$

(2) "某两人必须站在两边"，则先请这两人站好位置，但注意他们两人可以互换位置，所以有 2 种排法，其余 5 个人 5 个位置可以任意排列。不同的排法共有

$$2 \times P_5^5 = 2 \times 5 \times 4 \times 3 \times 2 \times 1 = 240 \text{ 种}.$$

(3) "某人不站在最中间，也不站在两边"，这个问题有两种解法。

方法 1　排除法。从全部可能的排法中减去某人站在最中间或站在两边的排法。不同的排法共有

$$P_7^7 - 3P_6^6 = 7 \times 6 \times 5 \times 4 \times 3 \times 2 \times 1 - 3 \times 6 \times 5 \times 4 \times 3 \times 2 \times 1 = 2880 \text{ 种}.$$

方法 2　直接考虑法。由于某人既不站在最中间，也不站在两边，则某人可以站的位置是其他的 4 个位置，有 4 种方法。某人站好后，其余 6 个人可以在 6 个位置上任意排列。不同的排法共有

$$4 \times P_6^6 = 4 \times 6 \times 5 \times 4 \times 3 \times 2 \times 1 = 2880 \text{ 种}.$$

(4) "某两人必须站在一起"，则先把某两个人当成"一个组"，其他 5 个人当成另外 5 组，则共有 6 组进行全排列。又因为两人在组内可以互换位置，故根据乘法法则得不同的排法有

$$P_6^6 \times 2 = 6 \times 5 \times 4 \times 3 \times 2 \times 1 \times 2 = 1440 \text{ 种}.$$

例 13　某城市电话号码用 8 位数字表示，问该市最多可能安装多少台不同号码的电话？

解　电话号码是 8 位数字，相当于 8 个位置，每个位置都有 0、1、2……9 共 10 数字可供选择，是 8 个位置 10 元素的重复排列问题，所以不同号码的电话共有 10^8 台。

2.6　组　　合

置换和排列都需要考虑顺序，而本节要介绍的是"不考虑顺序的方法"——组合。

例 14　假设现在有 A、B、C、D、E 五张牌。现要从这 5 张牌中取出 3 张，并且不考虑它们的顺序，即以 3 张为一组。例如，ABE 和 BAE 应视为同一组。因此，从 5 张牌中取 3 张牌的

取法有图 2-6 所示的 10 种。

| ABC | ABD | ABE | ACD | ACE | ADE | BCD | BCE | BDE | CDE |

图 2-6

从 n 个不同的元素中,每次取出 $k(k \leqslant n)$ 个不同的元素,不管顺序如何,组成一组,叫作"从 n 个不同的元素中每次取出 k 个元素的组合"。所有不同组合的种数记为 C_n^k。

置换和排列是考虑顺序的,而组合是不考虑顺序的。

在例 14 中,要计算 5 张牌里面取 3 张的组合总数,可以这样考虑:

(1)和排列一样考虑"顺序"进行计算。

(2)除以重复计数的部分(称为重复度)。

因为对于 A、B、C 这 3 张牌,如果考虑顺序,按排列计算,则有 ABC、ACB、BAC、BCA、CAB、CBA 这 6 种排法,而在组合中这 6 种组合是作为 1 组来计算的,即若像排列那样考虑顺序,则会产生 6 倍的重复计数。这里的数字 6(重复度),恰好是 3 张牌按顺序排列的总数,即 3 张牌的置换总数 $(3 \times 2 \times 1) = P_3^3$。由于考虑顺序而产生了重复,所以只要用排列的总数除以重复度 6,就能得到组合的总数。

5 张牌里取 3 张的组合总数为 C_5^3,计算如下:

$$C_5^3 = \frac{5 \text{ 张牌里取 } 3 \text{ 张的排列总数}}{3 \text{ 张牌的置换总数(或全排列)}} \quad \cdots\cdots\cdots\text{考虑顺序的排列数}$$
$$\cdots\cdots\cdots\text{重复度}$$

$$= \frac{P_5^3}{P_3^3} = \frac{5 \times 4 \times 3}{3 \times 2 \times 1} = 10.$$

因此,一般地有公式

$$C_n^k = \frac{P_n^k}{P_k^k} = \frac{n \times (n-1) \times (n-2) \times \cdots \times [n-(k-1)]}{k \times (k-1) \times (k-2) \times \cdots \times 2 \times 1} = \frac{n!}{k!(n-k)!}.$$

并且有

$$C_n^k = C_n^{n-k}.$$

【归纳总结】

(1)置换和排列是考虑顺序的,组合是不考虑顺序的;置换和组合相结合就是排列。

(2)置换是 n 个事物全排列,而一般的排列是从 n 个事物取出 $k(k \leqslant n)$ 个进行排列。

例如:

(1)一个小组有 10 人,从中选出正、副班长各 1 人,共有多少种不同的选法,是排列问题,共有 P_{10}^2 种选法;从中选出代表 2 人去开会,共有多少种不同的选法,是组合问题,共有 C_{10}^2 种选法。

(2)有 6 位同学商定,假期中每两个人相互发一封邮件,互通一次电话。他们共发了多少封邮件,是排列问题,共有 P_6^2 封邮件;共通了多少次电话,是组合问题,共通了 C_6^2 次电话。

例 15　某门市部有售货员 10 人,6 男 4 女。现要组成一个 3 人流动售货组,其中至少要有 1 名男售货员,共有多少种不同的安排方法?

解　**方法 1**　排除法。从全部可能的安排方法中减去没有男售货员的安排方法,则不同的安排方法有

$$C_{10}^3 - C_4^3 = \frac{10 \times 9 \times 8}{3 \times 2 \times 1} - 4 = 116 \text{ 种}.$$

方法 2　直接考虑法。可以按有 1 名、2 名或 3 名男售货员的情况直接计算,则不同的排法有

$$C_6^1 C_4^2 + C_6^2 C_4^1 + C_6^3 = 6 \times \frac{4 \times 3}{2 \times 1} + \frac{6 \times 5}{2 \times 1} \times 4 + \frac{6 \times 5 \times 4}{3 \times 2 \times 1} = 36 + 60 + 20 = 116 \text{ 种}.$$

例 16　安排 3 位教师上课,在下列条件下,各有多少种不同的排课法?

(1)共有六个班,每人任选两个班上课;

(2)共有三个年级,每个年级两个班,每人任选某年级的两个班上课;

(3)共有六个班,因为还需兼任其他工作,要求 1 人教一个班,1 人教两个班,1 人教三个班。

解　(1)3 个人中指定 1 人先选班,有 C_6^2 种选法,再指定 1 人选班,有 C_4^2 种选法,最后 1 人有 C_2^2 种选法。又由于 3 个人任课工作量是相等的,所以选课时与顺序无关,即谁先选都一样。根据乘法法则,共有不同的排法

$$C_6^2 \times C_4^2 \times C_2^2 = \frac{6 \times 5}{2 \times 1} \times \frac{4 \times 3}{2 \times 1} \times 1 = 90 \text{ 种}.$$

(2)三个年级,每个年级两个班,每人任选某年级的两个班上课,相当于 3 个人从三个年级中各选一个年级。又由于 3 个人任课工作量是相等的,所以选课时与顺序无关,即谁先选都一样。根据乘法法则,共有不同的排法

$$3 \times 2 \times 1 = 6 \text{ 种}.$$

(3)3 个人中第 1 个人教一个班,有 C_6^1 种选法;第 2 个人在余下的五个班中选教两个班,有 C_5^2 种选法,第 3 个人教三个班,有 C_3^3 种选法。但由于 3 个人任课工作量是不相等的,按工作量由大到小的顺序,这 3 个人按工作量的可能排法为 P_3^3,完成这些步骤后课才能排出。因此根据乘法法则,共有不同的排法

$$C_6^1 \times C_5^2 \times C_3^3 \times P_3^3 = 6 \times \frac{5 \times 4}{2 \times 1} \times 1 \times (3 \times 2 \times 1) = 360 \text{ 种}.$$

2.7　关于排列、组合的编程问题

求由 1、2、3、4、5 这 5 个数字组成、各位数字互不相同的 5 位数的个数。

用 C 语言编写的程序如下:

```
# include<stdio.h>
int n=0;
void swap(int* a, int* b)
{
        int m;
        m=*a;
        *a=*b;
        *b=m;
}
void perm(int list[], int k, int m)
{
    int i;
```

```
        if(k>m)
        {
            for(i=0; i<= m;i++)
                printf("% d", list[i]);
            printf("\n");
            n+ + ;
        } else
        {
            for(i=k;i<=m;i++)
            {
                swap(&list[k], &list[i]);
                perm(list,k+1,m);
                swap(&list[k], &list[i]);
            }
        }
    }
    int main()
    {
        int list[] =  {1, 2, 3, 4, 5};
        perm(list, 0, 4);
        printf("total:% d\n", n);
        return 0;
    }
```

练　　习

1.用数字 1、2、3、4、5、6 可以组成多少个没有重复数字的三位数？

2.用数字 0、1、2、3、4、5、6、7、8、9 能组成多少个可以有重复数字的五位数，能组成多少个无重复数字的四位数？

3.用数字 0、2、4、5、6、8、9 可以组成多少个比 5000 小且无重复数字的四位数？

4.有 5 个小电灯排成一排，每个灯有亮与不亮两个状态，可表示多少种不同的信号？

5.7 名同学中任选 3 人去参加 3 个不同的课外活动，每人参加一个，共有多少种不同的选法？

6.有 5 种不同的包装方法可供选择，现有 8 种不同品种的蔬菜，各要选一个包装方法，有多少种不同的选法？

7.有 12 个人排成一行，分别满足以下条件，各有多少种排列方法？

(1)任意排列；

(2)某人不能排在两边；

(3)某人不能坐在最中间的两个位置上；

(4)某两人必须坐在一起。

8.已知在 100 件商品中含有 2 件次品，其余都是正品，从中任取 3 件。

(1)3 件都是正品，有多少种不同的取法？

(2)3 件中恰有 1 件次品,有多少种不同的取法?

(3)3 件中最多有 1 件次品,有多少种不同的取法?

(4)3 件至少有 1 件次品,有多少种不同的取法?

9. 有乒乓球运动员 12 人,其中男运动员 7 人,女运动员 5 人,从中选男、女运动员各 2 人,搭配成两对,举行男女混合双打。共有多少种搭配方法?

10. 把标有 1、2、3、4、5、6、7、8 的不同编号的任务平均分给甲、乙个人,其中要求任务 6、8 不能分给同一个人。共有多少种不同的分配方法?

11. 有 5 个不同小球放入 5 个不同的盒子,其中有且只有一个盒子留空。共有多少种放法?

12. 某段道路上有 10 只路灯。为了节省用电而又不影响正常的照明,可以熄灭其中两只灯,但不能熄灭两端的灯,也不能熄灭相邻的两只灯。那么熄灯的方法共有多少种?

13. 有 6 位同学参加 5 项不同的竞赛。

(1)每位同学必须且只能参加一项竞赛,有多少种不同的参赛方法?

(2)每项竞赛只许一位同学参加,有多少种不同的参赛方法?

14. "IMO"是国际数学奥林匹克竞赛的缩写,把这 3 个字母用 3 种不同颜色来写,现有 6 种不同颜色的笔,问共有多少种不同的写法?

15. 从数字 0、1、2、3、4、5、6、7、8、9 中任意挑选 5 个数,组成能被 5 除尽且各位数字互异的五位数,那么共可以组成多少个不同的五位数?

16. 用 2、4、5、7 这 4 个不同数字可以组成 24 个互不相同的四位数,将它们从小到大排列,那么 7254 是第多少个数?

17. 某四位数由 4 个不为零且互不相同的数字组成,并且这 4 个数字的和等于 12,将所有这样的四位数从小到大依次排列,第 24 个这样的四位数是多少?

18. 计算机上编程序打印出前 10000 个正整数(1、2、3⋯⋯10000)时,不幸打印机有毛病,每次打印数字 4 时,它都打印出 x,问其中被错误打印的共有多少个数?

19. 在 1000 到 9999 之间,千位数字与十位数字之差(大减小)为 3,并且 4 个数字各不相同的四位数有多少个?

20. 如果从 5 本不同的语文书、6 本不同的数学书、8 本不同的外语书中选取 2 本不同学科的书阅读,那么共有多少种不同的选择?

21. 某条铁路线上,包括起点和终点在内原来共有 9 个车站,现在新增了 2 个车站,铁路上两站之间往返的车票不一样,那么,这样需要增加多少种不同的车票?

22. 10 个相同的球放在 4 个不同的盒子里,每个盒子至少放一个,不同的放法有多少种?

第 3 章 数 论

数论是数学中最古老的分支之一,在计算机科学、组合数学、代数编码、密码学、信号处理等许多领域中正发挥着越来越重要的作用。本章介绍初等数论的初步内容及一些应用例子。

3.1 整 除

3.1.1 整数与整除

把 $1,2,3,\cdots,n,\cdots$ 称为自然数,也称正整数。全体自然数所组成的集合常用 **N** 来表示。整数是指正整数、负整数和零,即 $\cdots,-n,-n+1,\cdots,-2,-1,0,1,2,\cdots,n-1,n,\cdots$,全体整数所组成的集合常用 **Z** 来表示。

在整数集合中进行运算的性质:

性质 1 加法满足交换律、结合律、消去律,即设 a,b,c 是整数,则有

(1)交换律: $a+b=b+a$。

(2)结合律: $(a+b)+c=a+(b+c)$。

(3)消去律: $a+b=c+b \Rightarrow a=c$。

性质 2 乘法满足结合律、交换律、消去律、分配律(加法和乘法),即设 a,b,c 是整数,则有

(1)交换律: $ab=ba$。

(2)结合律: $(ab)c=a(bc)$。

(3)消去律: $ab=bc \Rightarrow a=c(b \neq 0)$。

(4)分配律(加法和乘法): $(a+b)c=ac+bc, a(b+c)=ab+ac$。

性质 3 正整数+正整数=正整数,正整数×正整数=正整数,整数+整数=整数,整数-整数=整数,整数×整数=整数,但整数除以整数不一定是整数。

定义 1 设 $a,b \in \mathbf{Z}, a \neq 0$,如果存在 $c \in \mathbf{Z}$,使得 $b=ac$,则称 b 可以被 a 整除,或称 a 整除 b,记 $a \mid b$。并且称 b 是 a 的倍数,a 是 b 的约数。b 不能被 a 整除,记作 $a \nmid b$。

3.1.2 素数与合数

怎样判断素数? 首先需要对素数进行定义,然后根据其定义判断指定的数是不是素数。在编写程序过程中,可以按素数的定义编写相应的程序对素数进行判断。

定义 2 如果一个大于 1 的正整数,只能被 1 和它本身整除,不能被其他的正整数整除,这种正整数叫作素数,也称质数。在大于 1 的正整数中,不是素数的正整数称为合数。

由定义知,合数是指除能被 1 和本身整除之外,还能被其他的正整数整除的正整数。

所有正整数分三类:1、全体素数、全体合数。素数和合数有无穷多个,所有大于 2 的偶数都是合数。

性质 4 如果 a 是一个大于 1 的正整数,而所有的不大于 $\sqrt{a}$ 的素数都除不尽 a,则 a 是素数。

从这个性质可知,判断一个正整数 a 是否为素数,不必用大于 1 但小于等于 a 的所有整数一一来除,只要用大于 1 但不大于 $\sqrt{a}$ 的所有正整数来除即可。当 a 是比较大的正整数时,一个一个地验证也是非常烦琐的事,这时最好用编程的方法实现。

定理 1 素数有无穷多个。

定理 2 设 p 是素数,且 $p \mid a_1 a_2$,那么 $p \mid a_1$ 和 $p \mid a_2$ 中至少有一个成立。

推广 如果 $p \mid a_1 a_2 \cdots a_n$,其中 p 为一个素数,$n \geqslant 2$,$a_1, a_2, \cdots, a_n$ 都是正整数,则至少存在一个 $a_r (1 \leqslant r \leqslant n)$,使得 $p \mid a_r$。

定理 3(算术基本定理) 每一个大于 1 的整数 a 都可以分解为素因数的乘积,即 $a = p_1 p_2 \cdots p_n (n \geqslant 1)$,这里 $p_1, p_2, \cdots, p_n$ 都是素数,可能相同,也可能不相同。

例如,$12 = 2 \times 2 \times 3 = 2^2 \times 3$,$8 = 2 \times 2 \times 2 = 2^3$,$7 = 7$,$20 = 2 \times 2 \times 5 = 2^2 \times 5$。

由算术基本定理可知,要想将一个正整数 a 分解为素因数的乘积,只要逐一挑选出 a 的因数相乘即可。根据算术基本定理的思想,利用计算机编程实现对正整数进行分解因式的程序如下。

(1)利用 C 语言编写的程序:

```c
# include< stdio.h>
main()        //把正整数分解成素因数乘积的程序
{
    int n,i;
    printf("请输入分解为素因数乘积的正整数:");
    scanf("%d",&n);
    printf("分解因式的结果:% d=",n);
    for(i=2; i<=n; i++)
    {
        while(n! =i)
        {
            if(n% i==0)
            {
                printf("%d* ",i);
                n=n/i;
                //把 n/i 重新赋给 n,即得到 n 的约数 i 后,再找 n/i 的约数
            } else
                break;
        }
    }
    printf("%d",n);
}
```

(2)利用 Java 语言编写的程序:

```java
package cc;
import java.util.Scanner;
```

```
public class bb {
    public static void main(String[] args) {
        int i;
        System.out.printf("请输入分解为素因数乘积的正整数:");
        Scanner sc=new Scanner(System.in);
        int n=sc.nextInt();
        System.out.printf("分解因式的结果:% d= ",n);
        for(i= 2; i<=n; i++ )
        {
            while(n! =i)
            {
                if(n%i==0)
                {
                    System.out.printf("%d* ",i);
                    n=n/i;
                    //把 n/i 重新赋给 n,即得到 n 的约数 i 后,再找 n/i 的约数
                } else
                    break;
            }
        }
        System.out.printf("%d",n);
    }
}
```

例 1　判断 3023 和 4237 是素数还是合数。

解　由于两个数都是较大的数,直接判断它是素数还是合数不容易,下面利用性质 4 来判断。

(1)假设 $a=3023$,由于 $\sqrt{2916}=54$,$\sqrt{3025}=55$,则 $54<\sqrt{a}<55$。大于 1 但不大于 $\sqrt{3023}$ 的所有素数有 2,3,5,7,11,13,17,19,23,29,31,37,41,43,47,53。易见 2,3,5,7 都不能整除 3023,并且经过验证 11,13,17,19,23,29,31,37,41,43,47,53 都不能整除 3023。因此 3023 是素数。

(2)假设 $a=4237$,由于 $\sqrt{4225}=65$,$\sqrt{4356}=66$,则 $65<\sqrt{a}<66$。大于 1 但不大于 $\sqrt{4237}$ 的所有素数有 2,3,5,7,11,13,17,19,23,29,31,37,41,43,47,53,59,61。易见 2,3,5,7 都不能整除 4237,经过验证 11,13,17 都不能整除 4237,但是 19 能整除 4237,即 $4237=19\times223$,因此 4237 是合数。

下面利用计算机编程来达到判断素数的目的。

(1)利用 C 语言编写的程序:

```
# include<stdio.h>
# include<math.h>
void main()
{
    int m,i,k;
    printf("请输入一个整数:");
    scanf("%d",&m);
    k= (int) sqrt(m);      //或 k= (int)(sqrt(m));  //或 k=floor(sqrt(m));
```

```
        for(i=2;i<=k;i++)
            if(m%i==0)
                break;
        if(i>k)
            printf("%d 是素数。\n",m);
        else
            printf("%d 不是素数。\n",m);
    }
```

或者用下面的程序：

```
    # include "stdio.h"
    int main()
    {
        int n,flag=1,i;
        scanf("%d",&n);          //输入一个数 n,判断它是否是素数
        for(i=2;i<n;i++)
        {
            if(n%i==0) //根据素数的定义,n 依次除以小于它本身大于 1 的数
            flag=0;    //一旦有能被整除的数,表明 n 不是素数,使得 flag= 0
        }
        if(flag==0)                //根据 flag 的值判断 n 是否是素数
            printf("%d 不是素数",n);
        else
            printf("%d 是素数",n);
        return 0;
    }
```

（2）利用 Java 语言编写的程序：

```
    package cc;
    import java.util.Scanner;
    public class Bb {
        public static void main(String[] args) {
            int i,k;
            System.out.printf("请输入一个整数:");
            Scanner sc=new Scanner(System.in);
            int m=sc.nextInt();
            k=(int)Math.sqrt(m);
            for(i=2;i<=k;i++)
                if(m%i==0)
                    break;
            if(i>k)
                System.out.printf("%d 是素数。\n",m);
            else
                System.out.printf("%d 不是素数。\n",m);
        }
    }
```

通过素数的验证方法可以验证某个正整数是否为素数,而寻找素数的方法就是寻找在给

定限度内的所有素数排列的问题。因此,求出 1000 以内的所有素数就很简单了,可以用以下程序来完成。

(1)利用 C 语言编写的程序:

```c
# include "math.h"
# include<stdio.h>
main()                    //寻找在一定范围内的所有素数
{
    int m,i,k,h=0,leap=1;
    printf("\n");
    for(m=2; m<=1000;m++)
    {
        k=sqrt(m+1);
        for(i=2; i<=k; i++)
            if(m%i==0)
            {
                leap=0;
        //如果某数是合数,则重新令 leap=0,不影响计算素数的个数
                break;
            }
        if(leap)
        {
            printf("%- 4d",m);          //输出素数
            h++;                        //用 h 表示素数的个数
            if(h%10==0)                 //每输出 10 个素数就换行
                printf("\n");
        }
        leap=1;
    }
    printf("\n1000 以内的所有素数共有 %d个",h);
}
```

执行以上程序,可得到 1000 以内的所有素数如图 3-1 所示。

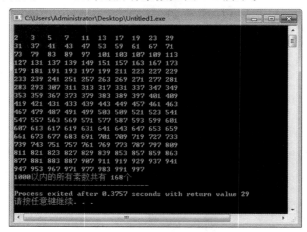

图 3-1

（2）利用 Java 语言编写的程序：

```java
package cc;
import java.util.Scanner;
public class Bb {
    public static void main(String[] args) {
        int m,i,h=0,leap=1;
        double k;
        for(m=2; m<=1000; m++)
        {
            k=Math.sqrt(m+1);
            for(i=2; i<=k; i++)
                if(m%i==0)
                {
                    leap=0;
                    break;
                }
            if(leap==1)
            {
                System.out.printf("%-4d",m);          //输出素数
                h++;                                  //用 h 表示素数的个数
                if(h%10==0)                           //每输出 10 个素数就换行
                    System.out.printf("\n");
            }
            leap=1;
        }
        System.out.printf("\n1000 以内的所有素数共有 %d 个",h);
    }
}
```

计算机输出的结果如图 3-2 所示。

```
<terminated> bb (1) [Java Application] C:\jdk1.8\bin\javaw.exe (2019年8月23日 下午
2    3    5    7    11   13   17   19   23   29
31   37   41   43   47   53   59   61   67   71
73   79   83   89   97   101  103  107  109  113
127  131  137  139  149  151  157  163  167  173
179  181  191  193  197  199  211  223  227  229
233  239  241  251  257  263  269  271  277  281
283  293  307  311  313  317  331  337  347  349
353  359  367  373  379  383  389  397  401  409
419  421  431  433  439  443  449  457  461  463
467  479  487  491  499  503  509  521  523  541
547  557  563  569  571  577  587  593  599  601
607  613  617  619  631  641  643  647  653  659
661  673  677  683  691  701  709  719  727  733
739  743  751  757  761  769  773  787  797  809
811  821  823  827  829  839  853  857  859  863
877  881  883  887  907  911  919  929  937  941
947  953  967  971  977  983  991  997
1000以内的所有素数共有 168个
```

图 3-2

3.2　最大公约数与最小公倍数

3.2.1　最大公约数

定义 3　设 $n \geqslant 2$，并且 $a_1, a_2, \cdots, a_n$ 和 d、n 都是正整数，如果

$$d \mid a_1, d \mid a_2, \cdots, d \mid a_n,$$

则称 d 为 $a_1, a_2, \cdots, a_n$ 的公约数。公约数中最大者称为 $a_1, a_2, \cdots, a_n$ 的最大公约数，记为

$$d_{\max} = (a_1, a_2, \cdots, a_n).$$

定义 4　若 $(a_1, a_2) = 1$，则称 a_1, a_2 是互素的。

一般地，若 $(a_1, a_2, \cdots, a_n) = 1$，则称 $a_1, a_2, \cdots, a_n$ 互素。

定理 4　如果 p 是一个素数，则 p 不能整除 $a \Leftrightarrow (p, a) = 1$，即 p, a 互素。

定理 5　设 a, b, c 都是正整数，如果 $(a, b) = 1$，且 $a \mid bc$，则一定有 $a \mid c$，即当 a, b 互素时，如果 bc 能被 a 整除，则 c 一定能被 a 整除。

一般地，求几个数的最大公约数，其方法是先把这些数分解成素因数的乘积，并写成乘方的形式，然后在其公有的素因数中，取出指数最小的乘方相乘即为最大公约数。

例 2　求 720 和 156 的最大公约数。

解　由于 720 和 156 都可以分解为素因数的乘积，且有

$$720 = 2 \times 2 \times 2 \times 2 \times 3 \times 3 \times 5 = 2^4 \times 3^2 \times 5, 156 = 2 \times 2 \times 3 \times 13 = 2^2 \times 3 \times 13.$$

所以 720 和 156 的最大公约数为 $2^2 \times 3 = 12$，即 $(720, 156) = 12$。

3.2.2　最小公倍数

定义 5　一个正整数 a 能被几个正整数 $b_1, b_2, \cdots, b_n$ 相除时，这个正整数 a 叫作这几个正整数 $b_1, b_2, \cdots, b_n$ 的公倍数。公倍数有很多，其中最小的公倍数叫作这几个正整数的最小公倍数。a 与 b 的最小公倍数，记为 $[a, b]$。

关于最小公倍数，有如下两个定理。

定理 6　假设 a 与 b 都是正整数，且 m 为 a 与 b 的最小公倍数，m' 为 a 与 b 的公倍数，则 $m \mid m'$。

定理 7　假设 a 与 b 都是正整数，且 m 为 a 与 b 的最小公倍数，d 为 a 与 b 的最大公约数，则有 $ab = dm$。

一般地，求几个数的最小公倍数，其方法是先把这些数分解成素因数的乘积，并写成乘方的形式，然后在其出现过的素因数中，取出指数最大的乘方相乘即为最小公倍数。

例 3　求 180 和 1352 的最小公倍数。

解　由于 180 和 1352 都可以分解为素因数的乘积，且有

$$180 = 2 \times 2 \times 3 \times 3 \times 5 = 2^2 \times 3^2 \times 5, 1352 = 2 \times 2 \times 2 \times 13 \times 13 = 2^3 \times 13^2.$$

所以 180 和 1352 的最小公倍数为 $2^3 \times 3^2 \times 5 \times 13^2 = 60840$，即 $[180, 1352] = 60840$。

3.3 辗转相除法和同余

3.3.1 辗转相除法

定理 8 设 a,b 是两个整数,$a \neq 0$,那么,一定存在唯一的一对整数 q,r,使得
$$b = aq + r, \quad 0 \leqslant r < |a|.$$

特别地,$a \mid b$ 的充分必要条件是 $r = 0$。

定理 9 设 u_0 和 u_1 是给定的两个整数,$u_1 \neq 0$,$u_1 < u_0$,并且 u_1 不能整除 u_0,则重复利用上述定理 8 得到

$$u_0 = q_0 u_1 + u_2, \quad 0 < u_2 < u_1$$
$$u_1 = q_1 u_2 + u_3, \quad 0 < u_3 < u_2$$
$$u_2 = q_2 u_3 + u_4, \quad 0 < u_4 < u_3$$
$$\vdots$$
$$u_{k-1} = q_{k-1} u_k + u_{k+1}, \quad 0 < u_{k+1} < u_k$$
$$u_k = q_k u_{k+1}$$

这种除法叫作辗转相除法。其中 u_{k+1} 就是 u_0 和 u_1 的最大公约数,即 $u_{k+1} = (u_0, u_1)$。该方法可以用来求两个数的最大公约数。

例 4 求 7891 与 2756 的最大公约数和最小公倍数。

解 利用辗转相除法得
$$7891 = 2756 \times 2 + 2379$$
$$2756 = 2379 \times 1 + 377$$
$$2379 = 377 \times 6 + 117$$
$$377 = 117 \times 3 + 26$$
$$117 = 26 \times 4 + 13$$
$$26 = 13 \times 2$$

所以得 $(7891, 2756) = 13$,并且 $[7891, 2756] = \dfrac{7891 \times 2756}{13} = 1672892$。

下面考虑用计算机编程的方法来求两个数的最大公约数和最小公倍数。

(1) 利用 C 语言编写的程序:

```
# include<stdio.h>
main()
{
    int a,b,r,num1,num2;
    printf("请输入两个整数:\n");
    scanf("%d,%d",&num1,&num2);
    a=num1;
    b=num2;
    do
    {
        r=a%b;
        a=b;
```

```
        b=r;
    } while(r> 0);              //利用辗转相除法,直到 r 为 0 为止
    printf("最大公约数:%d\n",a);
    printf("最小公倍数:%d\n",num1* num2/a);
}
```

(2)利用 Java 语言编写的程序：

```
package cc;
import java.util.Scanner;
public class Bb {
    public static void main(String[] args) {
        int r,a,b;
        System.out.printf("请输入两个整数:\n");
        Scanner sc =new Scanner(System.in);
        int num1=sc.nextInt();
        int num2=sc.nextInt();
        a=num1;
        b=num2;
        do                 //利用辗转相除法,直到 r 为 0 为止
        {
            r=a%b;
            a=b;
            b=r;
        } while(r> 0);
        System.out.printf("最大公约数:%d\n",a);
        System.out.printf("最小公倍数:%d\n",num1* num2/a);
    }
}
```

一般地,求几个数的最大公约数,可以先求两个数的最大公约数,然后考察该最大公约数与第三个数的最大公约数,依次类推。

3.3.2　同余

3.3.2.1　同余

在日常生活中,我们常常用到整数或某一个固定的正整数去除所得余数。例如,已知过去的某个时刻和总时间,问"现在"是几点,可用 24 去除以总时间所得余数,根据余数可计算得现在的具体时间。已知过去的某时间和总天数,问"今天"是星期几,可用 7 去除以总天数所得余数,根据余数可计算得现在是星期几。如 1978 年元旦是星期日,请问 1978 年的 7 月 28 日是星期几？经过计算知,1978 年元旦到 7 月 28 日之间共有 208 天,而且 $208=7\times29+5$,故 1978 年的 7 月 28 日是星期五。假如现在是 2016 年 3 月 1 日早上 8 点,求再过 1002 小时后的具体时间。经计算,$1002=24\times41+18$,则再过 1002 小时应该是 2016 年 4 月 12 日凌晨 2 点。

定义 6　如果 a,b,m 都是正整数,则当 $m\mid(a-b)$,则称 a,b 对模 m 同余,记作

$$a\equiv b(\bmod\quad m).$$

否则称 a,b 对模 m 不同余,记作 $a\not\equiv b(\bmod\ \ m)$。

由于 $m\mid(a-b)$ 等价于 $-m\mid(a-b)$,所以 $a\equiv b(\bmod\ \ m)$ 等价 $a\equiv b(\bmod\ \ (-m))$。下面介绍同余的几个性质。

性质 5　如果 a,b,c,d,m 都是正整数,则

(1) $a\equiv a(\bmod\ \ m)$;

(2) $a\equiv b(\bmod\ \ m)\Leftrightarrow b\equiv a(\bmod\ \ m)$;

(3) $a\equiv b(\bmod\ \ m)\Rightarrow ac\equiv bc(\bmod\ \ m)$;

(4) $a\equiv b(\bmod\ \ m),b\equiv c(\bmod\ \ m)\Rightarrow a\equiv c(\bmod\ \ m)$;

(5) $a\equiv b(\bmod\ \ m),c\equiv d(\bmod\ \ m)\Rightarrow ac\equiv bd(\bmod\ \ m)$。

性质 6　如果 $d\geqslant 1$, $d\mid m$,那么 $a\equiv b(\bmod\ \ m)$,则 $a\equiv b(\bmod\ \ d)$。

性质 7　设 $d\neq 0$,那么 $a\equiv b(\bmod\ \ m)$ 等价于 $da\equiv db(\bmod\ \ (\mid d\mid\mid m))$。

定理 10　按通常方法,可以把一个正整数 a 写成十进制数的形式,即

$$a=a_n\times 10^n+a_{n-1}\times 10^{n-1}+\cdots+a_1\times 10+a_0(0\leqslant a_i\leqslant 9).$$

当 9 能整除 $a_n+a_{n-1}+\cdots+a_1+a_0$ 时,则可推出 9 能整除 a;而当 9 不能整除 $a_n+a_{n-1}+\cdots+a_1+a_0$ 时,则可推出 9 不能整除 a。

证明　由于　　　　　　$9\mid[a_n(10^n-1)+a_{n-1}(10^{n-1}-1)+\cdots+a_1(10-1)]$,

所以有　　　　　　　$a=a_n\times 10^n+a_{n-1}\times 10^{n-1}+\cdots+a_1\times 10+a_0$

$$\equiv(a_n+a_{n-1}+\cdots+a_1+a_0)(\bmod\ \ 9).$$

例 5　判断正整数 3221435693 是否能够被 9 整除。

解　由定理 10 可知

$$3221435693\equiv(3+2+2+1+4+3+5+6+9+3)(\bmod\ \ 9)$$

$$\equiv 38(\bmod\ \ 9).$$

由于 38 不能够被 9 整除,所以 3221435693 也不能够被 9 整除。

例 6　把 3^{406} 写成十进制数的个位数字。

解　按题意就是求 a 满足 $3^{406}\equiv a(\bmod\ \ 10)$ $(0\leqslant a\leqslant 9)$,显然有

$3^1\equiv 3(\bmod\ \ 10),3^2\equiv 9(\bmod\ \ 10),3^3\equiv 7(\bmod\ \ 10),3^4\equiv 1(\bmod\ \ 10)$,

$3^5\equiv 3(\bmod\ \ 10),3^6\equiv 9(\bmod\ \ 10),3^7\equiv 7(\bmod\ \ 10),3^8\equiv 1(\bmod\ \ 10)$,

$3^9\equiv 3(\bmod\ \ 10),3^{10}\equiv 9(\bmod\ \ 10),3^{11}\equiv 7(\bmod\ \ 10),3^{12}\equiv 1(\bmod\ \ 10)$,

……

所以有 $3^{4k+2}\equiv 9(\bmod\ \ 10)$, $k\in\mathbf{N}$。

因此有 $3^{406}\equiv 3^{4\times 101+2}\equiv 9(\bmod\ \ 10)$,则 3^{406} 写成十进制数的个位数字是 9。

3.3.2.2　同余类

定义 7　给定模 m,则全体整数可按模 m 是否同余分为若干个两两不相交的集合,使得同一个集合中的两个数对模 m 一定同余,每一个这样的集合称为模 m 的同余类或模 m 的剩余类,记作 $r\bmod\ m$,表示 r 的所属模 m 的同余类。例如

$$0\bmod\ \ 3=\{x\mid x=3k,\text{其中 }k\text{ 是整数}\},$$

$$1\bmod\ \ 3=\{x\mid x=3k+1,\text{其中 }k\text{ 是整数}\},$$

$$2\bmod\ \ 3=\{x\mid x=3k+2,\text{其中 }k\text{ 是整数}\}.$$

对于同余类,有以下的结果。

定理 11　(1)r mod　$m=\{x\,|\,x=km+r,k\in\mathbf{Z}\}$；

(2)r mod　$m=s$ mod　m 的充要条件是 $r\equiv s(\bmod\ m)$；

(3)对于任意的 r,s，要么 r mod　$m=s$ mod　m，要么 r mod　m 与 s mod　m 的交集是空集。

(4)对于给定的模 m，有且只有 m 个不同的模 m 的同余类，它们是

$$0 \text{ mod }\ m,1 \text{ mod }\ m,2 \text{ mod }\ m,\cdots,m-1 \text{ mod }\ m.$$

在计算机语言中，一般都有直接求同余的函数或命令。

练　　习

1.用辗转相除法求 73500、421160、238948 的最大公约数和最小公倍数。

2.已知 2016 年 8 月 3 日是星期三，问 2018 年 1 月 27 日是星期几？

3.问 5436415919728 是否能够被 9 整除？

4.求下面各组数的最大公约数和最小公倍数，并写出利用计算机语言编写解决该问题的程序。

(1)329,471；　　　　　　　　(2)320,680；　　　　　　　　(3)954,540；

(4)5632,519；　　　　　　　 (5)38949,473；　　　　　　　 (6)480,988。

5.判断下列各数是否为素数，并写出利用计算机语言编写解决该问题的程序。

(1)3247；　　　　　　　　　(2)9901；　　　　　　　　　(3)3929；

(4)88937；　　　　　　　　 (5)8633；　　　　　　　　　 (6)1429。

6.用计算机语言编写求出在下面相应范围内所有素数的程序，要求每行写 15 个，并输出所有素数的总数。

(1)2~900；　　　　　　　　 (2)500~890；　　　　　　　　(3)1000~3000。

7.设 N 是一个四位数，它的 9 倍恰好是其反序数，求 N。

反序数就是将整数的数字倒过来形成的整数。例如：1234 的反序数就是 4321。

第4章 逻 辑

对于编程者来说,运用逻辑思考问题至关重要。计算机不管我们人类的喜怒哀乐,它总是按逻辑运行。对于逻辑上有错的程序,计算机都不会正确运行;反之,逻辑上正确的程序运行几百万次也不会出错。因此,要想通过计算机编程来解决问题,逻辑是必须要考虑的问题。

本章将学习逻辑的相关内容。首先,以巴士车费为例,学习逻辑相关规则的要点。接着,练习使用真值表、文氏图、逻辑表达式等来解析复杂逻辑。

4.1 命题及其相关问题

下面以巴士车费为例,学习逻辑的基本思路,兼顾完整性和排他性。

车费规则:某个巴士公司的乘车费用规则 A 如表 4-1 所示。

表 4-1 乘车费用规则 A

分类	年龄在 6 岁以上的乘客	年龄不满 6 岁的乘客
费用	100 元	0 元

根据这个乘车费用规则 A,13 岁张玉山的乘车费用是 100 元,而 3 岁李金亮的乘车费用是 0 元,这是毫无疑问的。但是 6 岁的谭小宝的乘车费用又是多少呢?在自然语言中,"年龄在 6 岁以上"的这个说法是包括 6 岁的,所以 6 岁的谭小宝的乘车费用是 100 元。

4.1.1 命题及其真假

在乘车费用规则 A 中,查询车费时,应先判断乘客的年龄是否在 6 岁以上。

能够判断对错的陈述句叫作命题。例如,对于上述的乘车费用问题,下述语句都能够判断对错,因此都是命题。

(1)张玉山(13 岁)的年龄在 6 岁以上。

(2)李金亮(3 岁)的年龄在 6 岁以上。

(3)谭小宝(6 岁)的年龄在 6 岁以上。

命题正确时,称该命题为"真"。反之,命题不正确时,称该命题为"假"。也将"真"称为"true","假"称为"false"。

在判断"乘客的年龄是否在 6 岁以上"这个问题中,上述的 3 个命题的真假如下:

(1)张玉山(13 岁)的年龄在 6 岁以上。··········属真"true"命题

(2)李金亮(3 岁)的年龄在 6 岁以上。··········属假"false"命题

(3)谭小宝(6 岁)的年龄在 6 岁以上。··········属真"true"命题

命题要么为 true,要么为 false。同时满足 true 和 false 的不能称为命题,既不为 true 也不

为 false 的也不能称为命题。

我们在前面使用乘车费用规则 A 查询车费时,通过乘客的年龄来判定"乘客的年龄是否在 6 岁以上"这个命题的真假。如果为真,那么车费为 100 元;如果为假,那么车费为 0 元。

4.1.2 在判断命题时注意的问题

4.1.2.1 是否有遗漏

对于乘车费用规则 A 来说,所谓"没有遗漏",即指不管针对哪个乘客,都能判定"乘客的年龄在 6 岁以上"这个命题的真假。乘车费用规则 A 中没有遗漏,虽然不知道是哪个乘客,但是任何人都有年龄,因此就能进行真假的判定。

请找出表 4-2 对应的乘车费用规则 B 的遗漏之处。

表 4-2　乘车费用规则 B

分类	年龄大于 6 岁的乘客	年龄不到 6 岁的乘客
费用	100 元	0 元

乘车费用规则 B 遗漏了乘客为 6 岁的情况。

乘车费用规则 B 规定了乘客年龄"大于 6 岁"和"不到 6 岁"的费用,但是没有规定乘客年龄"刚好 6 岁"时的费用。由于存在这种"遗漏",因此将乘车费用规则 B 作为乘车费用规则是不恰当的。

4.1.2.2 是否有重复

下面还是以乘车费用规则为例,要确认该规则对于某位乘客是否有两种费用标准。请找出表 4-3 对应的乘车费用规则 C 的重复之处。

表 4-3　乘车费用规则 C

分类	年龄在 6 岁以上的乘客	年龄在 6 岁以下的乘客
费用	100 元	0 元

当乘客为 6 岁时发生重复。因此在乘车费用规则 C 中,"6 岁以上"和"6 岁以下"都包含 6 岁。因此,这个规则中存在"重复",在这两种情况下的费用各不相同,所以乘车费用规则 C 是不恰当的。

这里要注意的一点是,只有当重复的部分互相矛盾时,该规则才不符合逻辑。在表 4-4 对应的乘车费用规则 D 中,刚好 6 岁的说明是多余的,但是并不与"6 岁以上"的说明矛盾。

表 4-4　乘车费用规则 D

分类	年龄在 6 岁以上的乘客	年龄刚好 6 岁的乘客	年龄不到 6 岁的乘客
费用	100 元	100 元	0 元

乘车费用规则 D 存在重复,但不矛盾。

4.1.2.3 画一根数轴来辅助思考

确认没有"遗漏"和"重复"是相当复杂的。在查看乘车费用规则这类说明的文字时,最好像下面那样画一根数轴,如图 4-1 至图 4-3 所示。

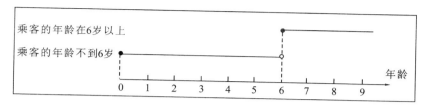

图 4-1 在数轴上表示乘车费用规则 A

在 4-1 图中,将命题"乘客的年龄在 6 岁以上"为真的年龄范围用"• —"来表示,为假的年龄范围用"• —○"来表示,记号"•"表示包含该点,记号"○"表示不包含该点。这样一来,通过上图就能很方便地确认有没有"遗漏"和"重复"。

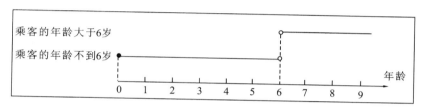

图 4-2 在数轴上表示乘车费用规则 B

图 4-2 表示乘车费用规则 B,其中有两个重叠的"○",说明其中有"遗漏"。

图 4-3 表示乘车费用规则 C,有两个重叠的"•",说明其中有"重复"。

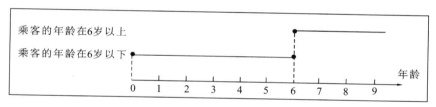

图 4-3 在数轴上表示乘车费用规则 C

4.1.2.4 注意边界值

通过数轴,我们可以看到"边界值"是需要注意的。在本章讨论的乘车费用规则中,0 岁和 6 岁是边界所在。编程者在编写程序时出现错误,往往发生在边界值上。因此,在画数轴考虑问题的时候,必须清楚地指明包含还是不包含边界值。

4.1.2.5 兼顾完整性或排他性

在考虑规则时,确认有没有"遗漏"和"重复"是相当重要的。没有"遗漏",即具有完整性,由此明确该规则无论在什么情况下都能适用;没有"重复",即具备排他性,由此明确该规则不存在矛盾之处。在遇到大问题时,通常将其分为多个小问题。这时常用的方法就是检查它的完整性和排他性。即使是难以解决的大问题,也能通过这种方法转换成容易解决的小问题。

逻辑从根本上说是对完整性和排他性的组合表达。虽然完整性和排他性只是两个简单的特性,但存在于任何一个简单或复杂的命题之中。接下来,我们将学习复杂命题的写法及其解法。

4.2 复杂命题及真值表

我们知道,并不是所有命题都是纯粹而简单的,有时为了表示出更复杂的情形,需要建立复杂的命题。

下面我们来看一个稍复杂的命题:

"乘客年龄不到 6 岁,并且乘车日不是星期日"

这个命题是由"乘客年龄不到 6 岁"和"乘车日不是星期日"两个命题组成的。"乘客年龄不到 6 岁,并且乘车日不是星期日"的正确与否是可以判定的,因此它确实可以称作命题。

下面将讲述通过组合命题得到复杂命题的方法,并列出复杂命题的真值表。

4.2.1 逻辑非(非 A)

我们以"乘车日是星期日"这个命题为基础,可以建立"乘车日不是星期日"命题。建立这种"不是……"的命题的运算,称为非,英语中用"not"来表示。

假设某命题为 A,则 A 的逻辑非表达式写作:

$$\neg A(或 \text{ not} A).$$

4.2.1.1 逻辑非的真值表

逻辑非的真值表如表 4-5 所示。

表 4-5 逻辑非的真值表

A	$\neg A$	说　　明
true	false	A 为 true 时,$\neg A$ 为 false
false	true	A 为 false 时,$\neg A$ 为 true

因为 A 是命题,所以它要么是 true,要么是 false。因此,该真值表覆盖了所有情况。换言之,上述的真值表没有遗漏和重复,兼顾了完整性和排他性。

4.2.1.2 逻辑非的文氏图

虽然真值表非常方便,但由于它是以表的形式存在的,所以有时并不直观。而使用文氏图(Venn diagram),就能很清晰地表示出命题的真假、命题 A 和命题 $\neg A$ 的关系,如图 4-4 所示。

图 4-4 命题 A 和命题 $\neg A$ 的文氏图

文氏图原本是表示集合关系的图。外围的矩形表示全集,矩形内部的椭圆表示命题 A,椭圆以外的部分表示命题 $\neg A$。通过文氏图,能直观地理解命题 A 和命题 $\neg A$ 的关系。

4.2.2　逻辑与(A 并且 B)

通过组合"年龄为 6 岁以上"和"乘车日是星期日"这 2 个命题,可以得到"年龄为 6 岁以上并且乘车日是星期日"这一新命题。这种"A 并且 B"的命题运算称为逻辑与,英语中用"and"表示。

命题"A 并且 B"用逻辑表达式写作:

$$A \wedge B(或 A \text{ and } B).$$

$A \wedge B$ 逻辑值的判定:

(1)当且仅当 A 和 B 都为 true 的时候,则 $A \wedge B$ 才是 true。

(2)只要 A 和 B 中至少有一个为 false,则 $A \wedge B$ 就是 false。

4.2.2.1　逻辑与的真值表

像前面一样,我们来写出 $A \wedge B$ 的真值表,如表 4-6 所示。

表 4-6　逻辑与的真值表

A	B	$A \wedge B$	说　　明
true	true	true	仅当 A 和 B 都为 true 时,$A \wedge B$ 才是 true,其他情况下 $A \wedge B$ 都是 false
true	false	false	
false	true	false	
false	false	false	

由于有两个基本命题 A 和 B,因此真值表的行数为 4 行。A 有 true、false 两种情况,与之对应的 B 也有 true、false 两种情况,因此所有情况为 $2 \times 2 = 4$ 种。这里覆盖了所有的情况,没有遗漏,也没有重复,兼顾了完整性和排他性。

4.2.2.2　逻辑与的文氏图

下面我们用文氏图来表示 $A \wedge B$,如图 4-5 所示。分别画出表示 A 和 B 这两个命题的椭圆,两者重叠的部分用阴影表示,该阴影部分就是 $A \wedge B$,因为重叠的部分既在椭圆 A 的内部,也在椭圆 B 的内部。

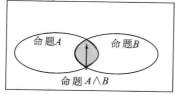
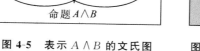

图 4-5　表示 $A \wedge B$ 的文氏图

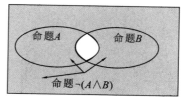

图 4-6　表示 $\neg(A \wedge B)$ 的文氏图

用文氏图来表示逻辑表达式 $\neg(A \wedge B)$,如图 4-6 所示。首先画出表示 $A \wedge B$ 的文氏图,如图 4-5 所示,再把图中的颜色反转一下就是 $\neg(A \wedge B)$。

4.2.3　逻辑或(A 或者 B)

假设某超市对"持有礼券 A,或者礼券 B"的顾客进行打折优惠。其中"持有礼券 A,或者礼券 B"是由"持有礼券 A"和"持有礼券 B"这两个命题组成的。我们将这种"A 或者 B"的命题运算称为逻辑或,英语中用"or"表示。

命题"A 或者 B"的逻辑表达式为

$$A \vee B \text{ (或 } A \text{ or } B).$$

$A \vee B$ 逻辑值的判定:

(1)只要 A 和 B 中有一个为 true,则 $A \vee B$ 就是 true。

(2)当且仅当 A 和 B 同时为 false 时,$A \vee B$ 才是 false。

4.2.3.1　逻辑或的真值表

$A \vee B$ 的真值表如表 4-7 所示。

表 4-7　逻辑或的真值表

A	B	$A \vee B$	说　明
true	true	true	
true	false	true	只要 A 和 B 中有 1 个为 true,$A \vee B$ 就为 true。当且仅当 A
false	true	true	和 B 都为 false 时,$A \vee B$ 才是 false
false	false	false	

4.2.3.2　逻辑或的文氏图

下面我们用文氏图来表示 $A \vee B$,如图 4-7 所示。分别画出表示 A 和 B 这两个命题的椭圆,两者重叠的部分也要画上阴影。所有阴影部分就是 $A \vee B$,因为阴影部分或在椭圆 A 的内部,或在椭圆 B 的内部。

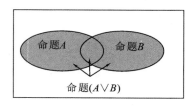

图 4-7　表示 $A \vee B$ 的文氏图

用文氏图来表示逻辑表达式 $(\neg A) \vee (\neg B)$。分别画出 $\neg A$ 和 $\neg B$,再将它们重叠起来,就是 $(\neg A) \vee (\neg B)$ 的文氏图,如图 4-8 所示。

在这里,有没有发现 $\neg(A \wedge B)$ 的文氏图(图 4-6)和 $(\neg A) \vee (\neg B)$ 的文氏图(图 4-8)是一样的?这并非偶然,这就是德·摩根定律(De Morgan's laws)。文氏图相同,意味着 $\neg(A \wedge B)$ 和 $(\neg A) \vee (\neg B)$ 是相等的命题。用文字来描述这两个逻辑表达式就是:$\neg(A \wedge B)$ 为"不是'A 并且 B'",$(\neg A) \vee (\neg B)$ 为"不是'A,或者不是 B'"。很难发现这两个命题的意思是一样的,但只要一画出文氏图,就能清楚地得知它们是相等的。

4.2.4　逻辑异或(A 或者 B,但不都满足)

现假设将命题"他现在在北京"与命题"他现在在上海"组合起来,形成命题"他现在在北

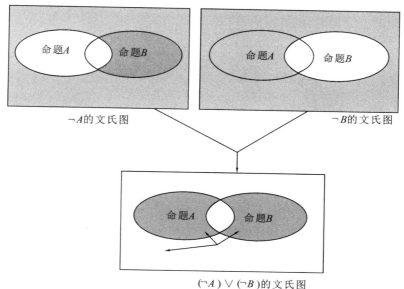

图 4-8　画 $(\neg A) \vee (\neg B)$ 文氏图的过程

京,或者他现在在上海"。这里所用的"或者"和之前讲的"逻辑或"有所不同。因为在这里,他现在只能在北京和上海的其中一处,不可以同时身处两地。

"A 或者 B,但不都满足"的运算称为逻辑异或,英语中称为"exclusive or",它和逻辑或相似,但在 A 和 B 都为 true 的情况下,两者有所不同。A 和 B 的逻辑异或中,A 和 B 中只有一个是 true 时,A 和 B 的逻辑异或才是 true,2 个都是 true 时 A 和 B 的逻辑异或为 false。

命题"A 和 B 的逻辑异或"用逻辑表达式写作:

$$A \oplus B.$$

4.2.4.1　逻辑异或的真值表

逻辑异或 $A \oplus B$ 的真值表如表 4-8 所示。

表 4-8　逻辑异或的真值表

A	B	$A \oplus B$	说　　明
true	true	false	
true	false	true	仅当 A 和 B 中只有一个为 true 时,$A \oplus B$ 才是 true,其他情
false	true	true	况下 $A \oplus B$ 都是 false
false	false	false	

通过真值表,我们发现"仅当 A 和 B 中只有一个为 true 时,$A \oplus B$ 才是 true"。

4.2.4.2　逻辑异或的文氏图

$A \oplus B$ 的文氏图如图 4-9 所示。

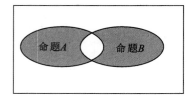

图 4-9 $A \oplus B$ 的文氏图

练   习

1.判断以下语句是否为命题。

(1)离散数学是计算机科学专业的一门必修课。

(2)290 能被 6 整除。

(3)请关门！

(4)太阳系以外的星球上有生物。

(5)这种颜色多漂亮！

(6)$x \leqslant 6$。

(7)你什么时候去旅游啊？

2.将以下命题符号化。

(1)小李边吃饭边看电视。

(2)小王要么住在 101 室,要么住在 102 室。

(3)小黄或者生于 1988 年,或者生于 1989 年。

(4)小李不仅数学学得好,而且 C 语言编程也学得好。

(5)小李或者数学学得好,或者 C 语言编程学得好。

3.分别写出由下列命题构成的:"P 或 Q","P 且 Q","非 P"形成的复合命题。

(1)P:e 是无理数; Q:π 是实数;

(2)P:5 是 20 的约数; Q:5 是 25 的约数。

4.求下列复合命题的逻辑值。

(1)设 P:2 是素数;Q:8 是素数。求 $P \vee Q$、$P \wedge Q$、$P \oplus Q$ 的逻辑值。

(2)设 P:2+2＝4;Q:4 是素数;R:$\sqrt{3}$ 是无理数。求 $P \vee Q$、$P \wedge Q$、$P \oplus Q$、$\neg Q$、$(P \vee Q)$ $\vee (\neg R)$、$(P \oplus Q) \wedge ((\neg R) \vee P)$。

5.假设 P、Q 为"真",R、S 为"假",求下列各式的逻辑值。

(1)$P \vee (Q \wedge R)$;   (2)$\neg (R \vee Q)$;   (3)$(\neg Q) \vee R$;

(4)$(R \oplus P) \wedge (Q \vee S)$;   (5)$(R \wedge P) \oplus (Q \vee S)$;   (6)$Q \oplus (P \vee R)$。

第5章 C语言简介

C语言是一门"古老"且非常优秀的结构化程序设计语言。它具有简洁、高效、灵活、可移植性强等优点,因此深受广大编程者的喜爱,并得到广泛应用。本章对C语言的知识进行简单的介绍,包括C语言的基础知识和流程控制结构等内容。

5.1 C语言的基础知识

下面简单地介绍C语言的基础知识,更详细的内容请自行查阅相关书籍。

5.1.1 C语言中的运算符及其优先级

C语言中的运算符及其优先级如表5-1所示。

表 5-1 运算符和优先级

优先级	运算符	名称或含义	使 用 形 式	具体的使用格式	举例及表示的意义	结合方向
1	[ ]	数组下标	数组名[常量表达式]	are[m][n] a[n]	reare[4][5] 定义一个数组	从左到右
	( )	小括号	(表达式) 函数名(形参表)	函数返回值类型 函数名(形参表)	int main()	
	.	成员选择(对象)	对象.成员名			
	—>	成员选择(指针)	对象指针—>成员名			
2	—	负号运算符	—表达式		—(8+28*3)	从右到左
	(类型)	强制类型转换	(数据类型)表达式	(要转换成的数据类型)(要转换的表达式)	(int)(x+3.6) (double)(9/5)	
	++	自增运算符	++变量名 变量名++	a++,先用再加 ++a,先加再用	a=a+1	
	——	自减运算符	——变量名 变量名——	a—— ——a	a=a—1	

续表

优先级	运算符	名称或含义	使用形式	具体的使用格式	举例及表示的意义	结合方向
2	*	取值运算符	*指针变量	*a		
	&	取地址运算符	&变量名	&x	scanf("%d,%d\n", &x, &y);	
	!	逻辑非运算符	!表达式	!A	A 为真,则!A 为假	
	~	按位取反运算符	~表达式			
	sizeof	长度运算符	sizeof(表达式)	sizeof(int)	求出指定数据或指定数据类型在内存中的存储长度	
3	/	除	表达式/表达式	a/b	$30/4=7.5$; 在整数运算中,$30/4=7$,是指舍弃小数部分,只留整数	从左到右
	*	乘	表达式*表达式		$67*23=1541$	
	%	余数(取模)	整型表达式%整型表达式	$a\%b=c,c$ 的符号与 a 相同,并且 a,b 必须都是整数,即只有整数才能求余数	$100\%3=1$	
4	+	加	表达式+表达式		$2+5=7$	从左到右
	−	减	表达式−表达式		$23-80=-57$	
5	<<	左移	变量<<表达式			从左到右
	>>	右移	变量>>表达式			
6	>	大于	表达式>表达式	$a>b$		从左到右
	>=	大于等于	表达式>=表达式	$a>=b$		
	<	小于	表达式<表达式	$a<b$		
	<=	小于等于	表达式<=表达式	$a<=b$		
7	==	等于	表达式==表达式	$a=b$		从左到右
	!=	不等于	表达式!=表达式	$a\neq b$		

优先级	运算符	名称或含义	使 用 形 式	具体的使用格式	举例及表示的意义	结合方向
8	&	按位与	表达式 & 表达式			从左到右
9	^	按位异或	表达式^表达式			从左到右
10	|	按位或	表达式|表达式			从左到右
11	&&	逻辑与	表达式 && 表达式	A&&B	只有 A、B 同时为真，A&&B 才是真	从左到右
12	||	逻辑或	表达式||表达式	A||B	只要 A、B 有一个为真，A||B 就是真	从左到右
13	?:	条件运算符	表达式 1? 表达式 2: 表达式 3	当表达式 1 的值为真时，整个表达式的值为表达式 2 的值;当表达式 1 的值为假时,整个表达式的值为表达式 3 的值		从右到左
14	=	赋值运算符	变量=表达式	$a = 45$		从右到左
	/=	除后赋值	变量/=表达式	$a/=b$		
	*=	乘后赋值	变量 * =表达式	$a*=b$	$a=a*b$	
	%=	取模后赋值	变量%=表达式	$a\%=b$	$a=a\%b$	
	+=	加后赋值	变量+=表达式	$a+=b$	$a=a+b$	
	-=	减后赋值	变量-=表达式	$a-=b$	$a=a-b$	
	<<=	左移后赋值	变量<<=表达式			
	>>=	右移后赋值	变量>>=表达式			
	&=	按位与后赋值	变量 &=表达式			
	^=	按位异或后赋值	变量^=表达式			
	|=	按位或后赋值	变量|=表达式			
15	,	逗号运算符	表达式,表达式,……	最后一个表达式的值就是整个逗号表达式的结果	$x=1+2,x*3,x+6$ 逗号表达式的结果是:9	从左到右

5.1.2　C 语言中的数据类型

C 语言中的数据类型如表 5-2 所示。

表 5-2　数据类型

大类	小类	说　　明	举　例	备　注
常量	整型常量	十进制,用数码 0～9 表示	32,90L,-3487	可以在常量后加字母 l 或 L 表示长整型
		八进制,以数码 0 开头,用 0～7 表示	0223,071,024	以 0 开头,区别十进制数
		十六进制,以数字 0X 或 0x 开头,用数码 0～9,A～F 表示	0X238A,0x38,0x24DF	以 0X 或 0x 开头,区别十进制和八进制
	实型常量	十进制小数,由数码 0～9 和小数点表示	0.2,13.5,-8.73	实型,也称浮点型
		指数形式,由十进制数,加阶码标志 e 或 E,以及阶码组成	2.1E4,-3.67E10 5.3633E4	
	字符型常量	只能是用单引号括起来的单个字符,不能是字符串,不能用双引号或其他括号,另外还有转义字符	'4','A','\n','\t'	定义为字符型数据之后,不能参与数值运算
	字符串常量	表示一串字符,用双引号括起来	"483 数学", "thisisme", "abcf"	字符串中的字符个数,称为字符串长度,字符串结尾自动加上一个字符'\0'作为字符串结束标志,故长度为 n+1
	符号常量	符号常量的定义方法是在程序的开头,使用编译预处理命令进行定义,格式: **♯define 符号常量 常量** 符号常量名通常用大写英文字母表示	♯define PI 3.14159 ♯define R 5.43	使用符号常量代替多次出现的常量。在编译程序时,程序中所有出现符号常量的位置,将一律用常量的值代替
变量	数值型、字符型	变量定义的一般格式: **数据类型标识符　变量;**	int a,b,c; float x,y,c=5; double a,b,c; char a,b;	必须先定义,再使用

C 语言规定,程序中所使用的每个变量在使用前都必须先进行类型定义,即"先定义,后使用"。如果在程序中的变量不先定义,系统就不知道如何在内存中存储它、需要占多少字节、允许它进行什么操作等。

5.1.3　C 语言程序的书写规则

（1）建议一行只写一条语句。

（2）每条语句后必须以分号结束,分号是必不可少的组成部分。

（3）用{ }括起来的部分,通常是表示程序的某一层结构,{ }一般与该结构的第一个字母对齐,并单独占一行。

（4）低一层次的语句或说明语句,可在高一层次的语句或说明语句缩进若干格后书写,以便看起来更加清晰,增加程序的可读性。

（5）英语字母严格区别大小写,即大写字母 A 与小写字母 a 是不同的。

（6）","、";"和":"等标点符号必须是英文状态下的标点符号。

5.1.4　语句类型

C 语言中涉及的语句类型如表 5-3 所示。

表 5-3　语句类型

类型	具体的语句类型或要求		说　　明
说明语句	说明语句是对数据进行描述,每个变量必须先定义后使用	定义变量的类型	int a,b,x; float x,y,c＝5;
可执行语句	表达式,计算表达式的值	表达式;	439＊3＋3－283;
	函数调用语句	调用其他函数的语句	printf("hello,thisisadog");
	空语句	只有一个";"	不产生任何操作

	复合语句	由一对{ }括起来的一组语句	{
			　a＝45;b＝30;c＝a＋b;
			}

	流程控制语句(用于控制流向的语句)	条件判断语句	if 和 switch 两种
		循环语句	while,do…while,for 三种
		转向语句	break,continue,return 和 goto
注释语句	(1)以/＊开头,以＊/结尾,中间书写要注释的内容。 (2)以//开头,其后书写要注释的内容。 (3)/＊与＊/必须成对出现,并且/与＊之间不能有空格,注释符不能嵌套使用。 (4)注释语句可以出现在程序的任何位置,对程序的编译和执行不会产生任何影响		/＊功能,从键盘输入＊/ //预处理数据

5.1.5　函数

5.1.5.1　函数的定义格式

函数的定义格式如下:

```
返回值类型    函数名(参数列表)
{
    函数体;
    return 返回值;
}
```

说明：

(1)返回值类型，是由系统提供的类型标识符，又称类型说明符，用来说明该函数返回结果的类型。如果没有定义函数返回值类型，则系统默认返回值类型为 int。

如：float   main()，说明返回结果是浮点型数据。

(2)函数名由用户命名，命名时必须符合标识符的命名规则，且最好能够通过函数名来表明该函数的主要功能。

(3)标识符的命名规则：以英文字母或下划线开头，由英文字母、数字和下划线组成。用户定义的标识符不能与系统关键字同名，如 if，int，printf 等不能作为标识符，标识符严格区分大小写，C 语言程序一般采用小写字母作为标识符。

(4)参数列表，是由一个或多个参数构成的，多个参数之间用逗号分隔，也可以没有参数，但( )不可省略。

(5)函数体由一对{ }括起来的若干语句组成，函数体内可以有一条语句或多条语句，也可以有复合语句，还可以是空，即该函数什么操作也不做。

(6)一个函数的定义不能写在另一个函数的函数体内，即函数不能嵌套定义。

(7)定义函数时注意返回值的类型。

例如：

```
float max(float x,float y)
{
    float z;
    if(x>y)
        z=x;
    else
        z=y;
    return(z);    //或 return z;
}
```

说明：

(1)函数名是 max，它有两个参数 x，y，它们都是 float 类型。

(2)该函数的数据类型为 float 类型，说明该函数有返回值，而返回值类型是 float 类型。

(3)最后一条语句 return(z);是返回语句，起到将结果 z 返回到主调用函数的作用。

(4)函数如果没有参数，则不必进行参数说明。

(5)如果函数没有返回值，则用关键字 void 来说明该函数没有返回值，此时函数没有返回语句，如 void   max(float x,float y)。

5.1.5.2　函数的调用格式

函数的调用格式如下：

```
函数名(实际参数列表)
```

例如：

```
# include<stdio.h>
float max(float x,float y)
{
    float z;
    if(x>y)
        z=x;
    else
        z=y;
    return(z);
}
main()
{
    float  r;
    r=max(3,5);
    printf("%f ",r);
}
```

5.1.5.3 函数声明

在一个函数调用别一个函数之前，必须先对被调用的函数进行声明，向编译系统提供必要的信息（函数名、函数类型、参数类型等），以便编译系统对函数调用进行检查。

函数声明是一个说明语句，除了在结尾加分号之外，其他与函数定义中的函数头完全相同，即函数声明的一般格式是：

返回值类型　函数名(参数列表)；

如果被调用的函数写在主调用函数的前面，则函数声明可以省略不写。

5.1.5.4 printf( )和 scanf( )函数格式及相关说明

1. printf( )输出函数

printf( )是格式化输出函数，是一个标准库函数，它的原型在头文件"stdio. h"中。

作为一个特例，不要求在使用 printf 函数之前必须包含 stdio. h 文件。其功能是按用户指定的格式将内容输出到屏幕上。

使用格式：

printf("格式化字符串",参数列表)；

其中，格式化字符串包括两部分内容：一部分是正常字符，按原样输出，如"有 90v""48-9"；另外一部分是格式化规定字符，以"%"开始，后跟一个或几个规定字符，用来确定输出内容格式。参数列表中是需要输出的一系列参数，其个数必须与格式化字符串所说明的输出参数个数一样多，各参数用"，"分隔，且顺序一一对应，否则会出现意想不到的错误。

2. scanf( )输入函数

scanf 是格式化输入函数，是 C 库函数，&n 是取变量 n 的地址的意思。

scanf("%d",&n)；就是让你输入一个整数，并且把你输入的数字赋给变量 n，& 是取地址操作符，获取变量 n 的地址。整句的意思是以整型的格式从键盘输入一个值到变量 n 的地址。

使用格式：

scanf("格式化字符串"，参数列表)；

在 printf( )和 scanf( )函数的"格式化字符串"中，如果不是 C 语言规定的输入、输出格式的字符，则计算机会原样输出或需要原样输入相应的字符。

scanf( )的格式控制符可使用其他非空白符，但在输入时必须输入这些字符。在用"%c"的格式输入时，空格和"转义字符"均作为有效字符。

例如：scanf("%c%c%c\n"，&a，&b，&c)；

输入：A　X回车，则结果是：a＝A，b＝空格，c＝X。

又如：scanf("a=%d,b=%d\n"，&a，&b)；则需要输入：4，8，中间不用其他符号进行分隔。但"，"一定要跟在数字后面。如输入：48，则计算机会出错。

如果输入语句是：scanf("%d%d\n"，&a，&b)；则输入时，两个数据 4 与 8 之间用一个或多个回车键、空格或 Tab 键分隔即可，即回车键、空格或 Tab 键是 scanf( )函数结束一个数据输入的标志(不是结束该 scanf( )函数的标志，scanf( )仅在每一个数据均有数据，并按回车键后结束)。

scanf( )不能接受有空格的字符串，如果字符串中有空格，则只取空格前的字符。

假设有输入语句：scanf("%s\n"，&a)；此时如果输入：This is my first　program，则 a 的结果为：This。

3.格式化字符

C 语言中的格式化字符如表 5-4 所示。

表 5-4　格式化字符

数据类型	输 出 格 式		说　　　　明
整型	十进制	%d	按整型数据的实际长度输出
		%md 或 %-md	m 为指定输出数据的宽度。如果数据的位数小于 m，则左端(右端)补以空格，若大于 m，则按实际位数输出
		%ld	输出长整型数据
		%0md	表示当输出一个小于 m 位的数值时，将在前面补 0，使其总宽度为 m 位
	o格式	%o	以无符号八进制形式输出整数
	x格式	%x	以无符号十六进制形式输出整数
	u格式	%u	以无符号十进制形式输出整数。对长整型可以用"%lu"格式输出，同样也可以指定字段宽度用"%mu"格式输出
字符型	c格式	%c	输出一个字符
	s格式	%s	输出一个字符串，不包括""。例如：printf("%s"，"CHINA")；输出"CHINA"字符串(不包括双引号)
		%ms	输出字符串的长度为 m，如字符串本身长度大于 m，则突破 m 的限制，将字符串全部输出。若字符串长度小于 m，则左补空格，即右对齐
		%-ms	输出字符串的长度为 m，如果字符串长度小于 m，则右补空格，即左对齐

数据类型	输出格式		说　　明
字符型	s格式	%m.ns	输出字符串的长度为 m,但只取字符串中左端 n 个字符。这 n 个字符输出在 m 列的右侧,左补空格,即右对齐
		%−m.ns	其中 m、n 含义同上,n 个字符输出在 m 个范围的左侧,右补空格,即左对齐。如果 n>m,则自动取 n 值,即保证 n 个字符正常输出
浮点型	f格式	%f	不指定宽度,整数部分全部输出,并输出 6 位小数
		%lf	双精度浮点类型
		%m.nf	在%m.nf 中,m 为指定的输出数据的宽度,其中有 n 位小数,且小数点占一位,如数值宽度小于 m,左端补空格,即右对齐。如果整数部分位数超过说明的整数位宽度,则按实际整数位输出。如果小数部分位数超过了说明的小数位宽度,则按说明的宽度以四舍五入输出。 在%0.nf 中,如果小数部分位数超过了说明的小数位宽度,则按说明的宽度以四舍五入输出,而整数部分按实际位数输出
		%−m.nf	m 为指定的输出数据的宽度,其中有 n 位小数,且小数点占一位,如数值宽度小于 m,右端补空格,即左对齐
	e格式	%e	数字部分(又称尾数)输出 6 位小数,指数部分占 5 位或 4 位
		%m.ne %−m.ne	m、n 和”−”字符的含义与前面相同。此处 n 指数据的数字部分的小数位数,m 表示整个输出数据所占的宽度
一些特殊规定字符	\n		换行
	\f		清屏并换页
	\r		回车
	\t		Tab 符
	\xhh		表示一个 ASCII 码,用十六进制表示,其中 hh 是 1～2 个十六进制数
空白符	空白符会使 scanf( )函数在操作中略去输入中的一个或多个空白字符,空白符可以是 space、tab、newline 等,直到第一个非空白符出现为止		
非空白符	一个非空白符会使函数在读入时剔除掉与这个非空白符相同的字符		

5.1.6　字符数据的输入与输出

字符数据的输入、输出函数如表 5-5 所示。

表 5-5　字符数据的输入、输出函数

类型	函数	说　　明	实际说明或例子	
字符数据的输入函数	getchar()	向终端输入一个字符,由于 getchar( )函数使用键盘缓冲区,一直等到回车才接受字符	getchar( ) 的返回值是 int,不是 char	使用函数头文件:stdio.h

类型	函数	说　明	实际说明或例子	
字符数据的输入函数	getche()	不再使用键盘缓冲区,输入的字符立即被接受	getche()函数在输入后显示在屏幕上	使用函数头文件:conio.h
	getch()	不再使用键盘缓冲区,输入的字符立即被接受	getch()函数在输入后不显示在屏幕上	使用函数头文件:conio.h
字符数据的输出函数	putchar()	向终端输出一个字符	putchar('A')	输出大写字母 A
			putchar(x)	输出字符变量 x 的值
			putchar('\n')	换行,使用头文件 #include<stdio.h>
	putch()	向终端输出一个字符	putch('A')	输出大写字母 A

5.1.7　浮点数

浮点数一般包括单精度浮点数(float)和双精度浮点数(double)。

单精度浮点数精度:最多有 6～7 位十进制有效数字,其范围:$-3.4\times10^{-38}\sim3.4\times10^{38}$。

双精度浮点数精度:可以表示十进制的 15～16 位有效数字,其范围:$-1.7\times10^{-308}\sim1.7\times10^{308}$。

5.1.8　转义字符

所有的 ASCII 码都可以用"\"加数字(一般是八进制数字)来表示。而 C 语言中定义了一些字母前加"\"来表示常见的那些不能显示的 ASCII 字符,如\t,\n 等,称为转义字符,因为后面的字符,都不是它本来的 ASCII 字符意思了。转义字符一般放到 printf()这类函数中使用,例如:

```
printf("this is atest\nPlease check it\n");
```

输出的结果是:

```
this is atest
Please check it
```

转义字符如表 5-6 所示。

表 5-6　转义字符

转　义　字　符	含　　义
\n	换行
\r	回车
\t	横向跳到下一个水平制表位置
\v	纵向跳到下一个垂直制表位置
\b	退格

续表

转 义 字 符	含　　义
\f	换页
\\	反斜杠符"\"
\'	单引号字符
\"	双引号字符
\a	响铃
\0	空字符
\ddd	1～3 位八进制所代表的字符
\xhh	1～2 位十六进制所代表的字符

5.2　C 语言的基本结构

在 C 语言程序执行过程中基本的结构有三种:顺序结构、选择结构、循环结构。本节主要介绍两种结构:选择结构、循环结构。理解和学习程序的执行过程,对于以后学习其他编程语言,或者程序调试、程序调用都有很好的帮助。

5.2.1　选择结构

1.if 结 构

C 语言的 if 结构有 4 种形式:if、if…else、if…else if、if 的嵌套。

1)if 形式

该结构的使用格式为:

```
if(判断条件)
{
    语句组;
}
```

注意:如果语句组只有一条语句,可以省略{ },此时可以写成

```
if (判断条件)　语句;
```

该结构的执行过程:先判断条件的真假,再确定是否执行语句组。如果判断条件为真(即值为非 0),则执行语句组,结束该结构,继续执行 if 结构后面的语句;否则计算机什么都没做,结束该结构,继续执行 if 结构后面的语句。语句组可以是单条语句,也可以是用大括号{ }括起来的复合语句。示例如下:

```
# include<stdio.h>
int main()
{
    int a,b,max;
    printf("\求两个数的最大值:");
    scanf("%d%d",&a,&b);
    max=a;
```

```
        if(max<b)   max=b;
        printf("两个数%d和%d的最大值为%d\n",a,b,max);
        return 0;
    }
```

2)if…else 形式

该结构的使用格式为：

```
    if(判断条件)
    {
        语句组 1;
    }
    else
    {
        语句组 2;
    }
```

该结构的执行过程：先判断条件的真假，再根据判断条件的真假来确定执行哪一个语句组。如果判断条件为真（即值为非 0），则执行语句组 1，结束该结构后，继续执行 if 结构之后的程序；如果判断条件为假（即值为 0），则执行语句组 2，结束该结构后，继续执行 if 结构之后的程序。必须注意：语句组 1 和语句组 2，只执行其中一个语句组。示例如下：

```
    scanf("%d,%d\n",&x,&y);
    if(x>y)
        printf("%d",x);
    else
        printf("%d",y);
```

例如：

```
    # include<stdio.h>
    int main()
    {
        int a,b;
        printf("请输入两个整数:\n");
        scanf("%d%d",&a,&b);
        if(a>b)
            printf("两个数%d和%d的最大值为%d\n",a,b,a);
        else
            printf("两个数%d和%d的最大值为%d\n",a,b,b);
        return 0;
    }
```

3)if…else if 形式

该结构的使用格式为：

```
    if(判断条件 1)
    {
        语句组 1;
    }
    else if(判断条件 2)
```

```
    {
        语句组 2;
    }
    else if(判断条件 3)
    {
        语句组 3;
    }
    ......
    else if(判断条件 n)
    {
        语句组 n;
    }
    else
    {
        语句组 n+1;
    }
```

该结构的执行过程:依次判断条件 k ,当出现某个判断条件 k 为真时,则执行其对应的语句组 k ,然后结束该结构,继续执行 if 结构下面的程序。如果所有判断条件均为假,则执行语句组 $n+1$,结束该结构,继续执行 if 结构下面的程序。示例如下:

```
# include<stdio.h>
int   main()
{
    char   c;
    printf("请输入一个字符:\n");
    c=getchar();
    if(c<32)          //用 ASCII 字符进行比较
        printf("This is a control character\n");
    else if(c>='0'&&c<='9')
        printf("这是 0~9 数字\n");
    else if(c>='A'&&c<='Z')
        printf("这是大写字母\n");
    else if(c>='a'&&c<='z')
        printf("这是小写字母\n");
    else
        printf("This is a control character \n");
    return   0;
}
```

4)if 的嵌套形式

该结构的使用格式为:

```
if(判断条件 1)
{
    if(判断条件 2)
    {
```

```
        语句组 1;
    }
    else
    {
        语句组 2;
    }
}
else
{
    语句组 3;
}
```

该结构的执行过程:首先判断条件 1,如果结果为真则执行内层 if…else 语句;如果判断条件 1 为假,则执行语句组 3,然后结束该结构,继续执行 if 结构下面的程序。当执行内层 if…else 语句时,先判断条件 2,如果判断条件 2 为真则执行语句组 1,然后结束该内层 if 结构,继续执行内层 if 结构下面的程序;如果判断条件 2 为假,则执行语句组 2,然后结束该结构,继续执行内层 if 结构下面的程序。总之,程序必须在语句组 1、2、3 中选择其中一个来执行。示例如下:

```
# include<stdio.h>
int main()
{
    int a;
    int b;
    printf("请输入两个整数 a 和 b:");
    scanf("%d,%d",&a,&b);
    if(a==100)
    {
        if(b==200)
        {
            printf("a 等于 100 并且 b 等于 200");        //语句 1
        }
        else
            printf("a 等于 100,但 b 不等于 200");        //语句 2
    }
    else
        printf("a 不等于 100");        //语句 3
    return 0;
}
```

2. switch 语句

在 C 语言中还提供了一种多路判断语句 switch,在这种结构里可以实现一个判断条件为真时程序执行若干条语句。该结构的使用格式为:

```
switch(常量表达式)
{
```

```
        case 常量表达式 1:          //case 与常量表达式之间必须留有空格
            语句序列 1;
            //break;
        case 常量表达式 2:          //每个常量表达式 k 互不相同
            语句序列 2;
            //break;
        case 常量表达式 3:
            语句序列 3;
            //语句序列可以是一条或多条语句,且多条不需要组合成复合语句
            //break;
        ……
        default:                   //default 是可以缺省的项
            语句序列 n+1;
            //break;
    }
```

该结构的执行过程:先把常量表达式的值依次与常量表达式 k 的值比较,当遇到常量表达式的值＝某个常量表达式 k 的值时,则执行从该语句序列 k 开始的所有语句,不再进行判断,直至遇到 break 或 switch 结构结束。如果常量表达式的值与所有常量表达式 k 的值都不相等,则执行 default 后的语句序列 n＋1 或退出 switch 结构。

这里用到的 break,是一个使程序立即从 switch 或循环中退出的语句,具体程序中到底要不要使用 break,需要针对实际问题而定。示例如下:

```c
# include<stdio.h>
main()
{
    char grade;
    printf ("请输入一个分数等级。");
    scanf("%c",&grade);
    switch(grade)
    {
        case  'A':
            printf ("分数在 90~100.\n");break;
        case 'B':
            printf ("分数在 80~89.\n");break;
        case 'C':
            printf ("分数在 70~79.\n");break;
        case 'D':
            printf ("分数在 60~69.\n");break;
        case 'E':
            printf ("分数在 0~59.\n");break;
        default:
            printf ("你输入的分数 error! \n");
    }
}
```

执行上述程序时,如果输入 grade 的值为 A,则输出结果是:分数在 90~100。

如果输入 grade 的值为 B,则输出结果是:分数在 80~89。

如果输入 grade 的值超出 A~E,则输出结果是:你输入的分数 error!

如果把所有的 break 语句去掉,则程序找到一个入口后会一直执行到 switch 结束。例如:如果输入 grade 的值为 D,则输出结果是:

分数在 60~69.

分数在 0~59.

你输入的分数 error!

我们只需要随时输入学生成绩等级,能知道其相对应的成绩,显然后面两行的信息是我们不需要的,所以实际应用中要善于使用 break 语句。

5.2.2 循环结构

C 语言中的循环结构有三种主要形式:while、do…while 和 for。下面分别介绍。

1. while 语句

该结构的使用格式为:

```
while(判断条件)        // 注意( )不能省略
{
    循环体;        //循环体可以是一条简单语句,也可以是复合语句
}
```

该结构的执行过程:在 while 循环语句中,先判断条件,再决定是否执行循环体。当判断条件成立(即为真,也称非 0)时执行循环体,执行完循环体后再判断条件,如果判断条件还成立,继续执行循环体,执行完循环体后再去判断条件……一直到判断条件不成立(即为假)时为止,结束循环。while 语句中的循环体可能 1 次都不执行,也可能执行 1 次、2 次……示例如下:

```
int i;
i=0;
while(i<10)
{
    printf("%d",i);
    i++;            //循环变量的变化,用来控制循环次数
}
```

2. do…while 语句

该结构的使用格式为:

```
do
{
    循环体;
}while(判断条件);
```

该结构的执行过程:在 do…while 循环语句中,先执行循环体,然后再判断条件;当判断条件成立时,再去执行循环体,执行完循环体后再去判断条件;如果判断条件还成立,继续执行循环体,执行完循环体后再去判断条件……一直到判断条件不成立时为止,结束循环。由于 do…while 循环语句是先执行循环体,再判断条件,故 do…while 语句中的循环体至少被执行 1

次。例如：

```
int i=0;
do
{
    printf("请输入一个数字");
    scanf("%d   ",&i);
    i=i+1;
    printf("%d\n",i);
}while(i<10);
```

3. for 语句

该结构的使用格式为：

```
for(给循环变量赋初值；判断条件；修正循环变量)
{
    循环体；
}
```

该结构的执行过程：在 for 循环语句中，先给循环变量赋初值，然后再判断条件是否成立；如果判断条件成立，则执行循环体，修正循环变量，然后再判断条件是否成立；如果判断条件还成立，则再次执行循环体，再次修正循环变量……一直到判断条件不成立时为止，结束循环。

综合上述分析，三种循环结构的流程图如图 5-1 所示。

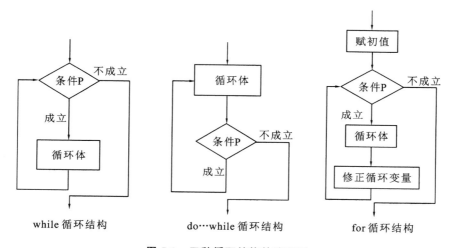

while 循环结构 do…while 循环结构 for 循环结构

图 5-1 三种循环结构的流程图

例如：

```
# include<stdio.h>
int main()
{
    int i;
    int  a=5;
    for(i=1;i<=10;i++)
        printf("%d\n",a* a+i);//或 printf("%f\n",pow(a,2)+i);
}
```

4.循环的嵌套

循环体中的循环语句,构成循环的嵌套,也称多重循环结构。套在循环体内的循环称为内循环,嵌套有内循环的循环称为外循环。

例如,要输出图 5-2 所示的效果图。

$$1$$
$$222$$
$$33333$$
$$4444444$$
$$555555555$$

图 5-2　输出的效果图

首先,观察输出结果的特征:第一行只输出 1 个"1",第二行输出 3 个"2",第三行输出 5 个"3",第四行输出 7 个"4",第五行输出 9 个"5"。然后从中找输出结果的规律,如表 5-7 所示。

表 5-7　图 5-2 中输出效果图的规律

行　　数	输出的数字	输出的数字个数	输出数字左边的空格数
第一行	1	1	4
第二行	2	3	3
第三行	3	5	2
第四行	4	7	1
第五行	5	9	0
每行都是居中输出相应数字	输出的数字是首项为 1、公差为 1 的等差数列,其通项公式为 $a_i = i$,i 为其所在的行数	输出的数字个数是首项为 1、公差为 2 的等差数列,其通项公式为 $a_i = 2i - 1$,i 为其所在的行数	输出数字左边的空格数是首项为 4、公差为 -1 的等差数列,其通项公式为 $a_i = 5 - i$,i 为其所在的行数

输出的结果需要确定输出的行数和列数,其中:以输出的行数为项数(即 i,记为行数),输出的数字个数和数字左边的空格数为通项(即 j,记为列数),循环输出得到结果。

输出图 5-2 所示效果图的程序代码如下:

```c
# include<stdio.h>
main()
{
    int i,j;
    for(i=1;i<=5;i++) //外层循环,控制循环的次数,此处 i 指输出的行数
    {
        for(j=1;j<=5-i;j++)
        printf(" ");
    for(j=1;j<=2*i-1;j++)
        //内层循环,控制输出数字的个数,此处 j 指输出的列数
```

```
        printf("%d",i);
    printf("\n");
    }
}
```

5.2.3　其他结构

1. break 语句

break 语句用于 for、while、switch 循环中,表示跳出当前所在的循环。例如:

```
    while(判断条件 1)
    {
        语句组 1;
        if(判断条件 2)
            break;
        语句组 2;
    }
```

此处 break 的作用是从 break 语句所在的循环体中跳出来,接着执行循环体的下一条语句。在循环体中,break 通常与 if 语句一起使用,以便在满足条件时中途跳出循环。

2. continue 语句

continue 语句用于 for、while 结构中,表示跳出本次循环,进行下一次循环。

在 C 语言中,程序的执行是按语句执行下去的。break 语句与 continue 语句的区别主要有:

(1)break 语句作用范围:用于 switch 结构或循环体结构。

其作用是:在循环体中,如果碰到 break,则跳出本层循环。也就是说,在一个循环体中程序执行时如果遇到 break,那么就退出该层循环体,继续执行循环体结构下面的语句。在循环结构中,break 通常与 if 一起使用,以便在满足条件时中途跳出循环。

(2)continue 语句作用范围:只用于循环体结构。

其作用是:在循环体中,如果碰到 continue,则在该层循环体内 continue 后面的语句就不执行了,继续执行下一次循环,即结束本次循环,继续执行该层循环的下一次循环。continue 语句常与 if 一起使用,用来加速循环。

例如:

```
    # include<stdio.h>
    main()
    {
        int a,i,j;
        a=0;j=0;
        for(i=0;i<=100;i++)
        {
            a=a+i;
            if(i==1)
                break;
```

```
        j=j+1;
    }
    printf("i=%d时,j=%d,计算的结果为%d",i,j,a);
}                    //输出结果:i=1时, j=1, 计算结果为1
```

如果程序写成：

```
# include<stdio.h>
main()
{
    int a,i,j;
    a=0;j=0;
    for(i=0;i<=100;i++)
    {
        a=a+i;
        if(i==1)
            continue;    //结束 i=1 时的循环,继续执行下一次 i=2 时的循环
        j=j+1;
    }
    printf("i=%d时,j=%d,计算的结果为%d",i,j,a);
}                    //输出结果:i=101时, j=100, 计算结果为 5050
```

3. return 语句

return 语句表示返回函数值,如果后面的值为空,则可以用于中断,退出函数。

4. goto 语句

goto 语句的使用格式：

```
goto 标签;
```

此时跳回标签内语句。

例如：

```
# include<stdio.h>
void main()
{
    int a,b;
    scanf("%d%d",&a,&b);
    if(a<b)
        goto aa;
    printf("hello");
    aa:printf("s");
}
```

如果输入:67　45 ,然后回车,输出:hello。如果输入:45　67 ,然后回车,输出:s。

5.3　C 语言中的测试函数和数学函数

下面列举 C 语言中的部分函数,更多、更详细的函数说明请参考相关书籍。

5.3.1　测试函数

1. isalnum

原型：int　isalnum(int c)。

功能：测试参数 c 是否为字母或数字，是则返回非零，否则返回零。

头文件：ctype. h。

使用格式：isalnum(c)。

2. isalpha

原型：int　isalpha(int c)。

功能：测试参数 c 是否为字母，是则返回非零，否则返回零。

头文件：ctype. h。

使用格式：isalpha(int c)。

3. isascii

原型：int　isascii(int c)。

功能：测试参数 c 是否为 ASCII 码(0x00～0x7F)，是则返回非零，否则返回零。

头文件：ctype. h。

使用格式：isascii(int c)。

4. iscntrl

原型：int　iscntrl(int c)。

功能：测试参数 c 是否为控制字符(0x00～0x1F、0x7F)，是则返回非零，否则返回零。

头文件：ctype. h。

使用格式：iscntrl(int c)。

5. isdigit

原型：int　isdigit(int c)。

功能：测试参数 c 是否为数字，是则返回非零，否则返回零。

头文件：ctype. h。

使用格式：isdigit(int c)。

6. isgraph

原型：int　isgraph(int c)。

功能：测试参数 c 是否为可打印字符(0x21～0x7E)，是则返回非零，否则返回零。

头文件：ctype. h。

使用格式：isgraph(int c)。

7. islower

原型：int　islower(int c)。

功能：测试参数 c 是否为小写字母，是则返回非零，否则返回零。

头文件:ctype. h。

使用格式:islower(int c)。

8. isprint

原型:int　isprint(int c)。

功能:测试参数 c 是否为可打印字符(含空格符 0x20～0x7E),是则返回非零,否则返回零。

头文件:ctype. h。

使用格式:isprint(int c)。

9. ispunct

原型:int　ispunct(int c)。

功能:测试参数 c 是否为标点符号,是则返回非零,否则返回零。

头文件:ctype. h。

使用格式:ispunct(int c)。

10. isupper

原型:int　isupper(int c)。

功能:测试参数 c 是否为大写字母,是则返回非零,否则返回零。

使用格式:isupper(int c)。

11. isxdigit

原型:int　isxdigit(int c)。

功能:测试参数 c 是否为十六进制数,是则返回非零,否则返回零。

使用格式:isxdigit(int c)。

5.3.2　数学函数

1. acos

原型:double　acos(double x)。

功能:返回双精度参数 x 的反余弦三角函数值,即求 $\arccos x$。

头文件:math. h。

使用格式:acos(x),其他函数的使用格式类似。

2. asin

原型:double　asin(double x)。

功能:返回双精度参数 x 的反正弦三角函数值,即求 $\arcsin x$。

头文件:math. h。

使用格式:asin(double x)。

3. atan

原型:double　atan(double x)。

功能:返回双精度参数 x 的反正切三角函数值,即求 $\arctan x$。

头文件:math. h。

使用格式:atan(double x)。

4. atan2

原型:double　atan2(double y，double x)。

功能:返回双精度参数 y 和 x 由式 y/x 所计算的反正切三角函数值。

头文件:math. h。

使用格式:atan2(double y，double x)。

5. sin

原型:double　sin(double x)。

功能:返回参数 x 的正弦函数值,即求 $\sin x$。

头文件:math. h。

使用格式:sin(double x)。

6. cos

原型:double　cos(double x)。

功能:返回参数 x 的余弦函数值,即求 $\cos x$。

头文件:math. h。

使用格式:cos(double x)。

7. tan

原型:dounle　tan(double x)。

功能:返回参数 x 的正切函数值,即求 $\tan x$。

头文件:math. h。

使用格式:tan(double x)。

8. cosh

原型:double　cosh(double x)。

功能:返回参数 x 的双曲余弦函数值。

头文件:math. h。

使用格式:cosh(double x)。

9. tanh

原型:double　tanh(double x)。

功能:返回参数 x 的双曲正切函数值。

头文件:math. h。

使用格式:tanh(double x)。

10. sinh

原型:double　sinh(double x)。

功能：返回参数 x 的双曲正弦函数值。

头文件：math. h。

使用格式：sinh(double x)。

11. 绝对值函数 abs

原型：int　abs(int x)。

功能：返回整型参数 x 的绝对值，即求 $|x|$。

头文件：stdlib. h，math. h。

使用格式：abs(int x)。

12. fabs

原型：double　fabs(double x)。

功能：返回实型参数 x 的绝对值，即求 $|x|$。

头文件：math. h。

使用格式：fabs(double x)。

13. labs

原型：long　labs(long n)。

功能：返回长整型参数 n 的绝对值。

头文件：stdlib. h。

使用格式：labs(long n)。

关于求绝对值的例子：

(1)整数参数用 abs()函数。例如：

```
# include<stdio.h>
# include<math.h>
int main()
{
    int a,b;
    scanf("%d",&a);
    b=abs(a);
    printf("%d",b);
    return 0;
}
```

输入－10，输出 10。

(2)有小数的(即浮点型)参数用 fabs()函数。例如：

```
# include<stdio.h>
# include<math.h>
int main()
{
    double a,b;
    scanf("%lf",&a);
    b=fabs(a);
```

```
        printf("%lf",b);
        return 0;
    }
```

输入－1.2,输出 1.2。

14. cabs

原型:double　cabs(struct complex znum)。

功能:返回一个双精度数,为计算出复数 znum 的绝对值。

头文件:stdlib. h,math. h。

使用格式:cabs(znum)。

15. ceil

原型:double　ceil(double x)。

功能:返回不小于参数 x 的最小整数,即向上取整。

头文件:math. h。

使用格式:ceil(x)。

16. floor

原型:double　floor(double x)。

功能:返回不大于参数 x 的最大整数,即向下取整。

头文件:math. h。

使用格式:floor(x)。

17. sqrt

原型:double　sqrt(double x)。

功能:返回参数 x 的平方根值,即求 $\sqrt{x}$ 。

头文件:math. h。

使用格式:sqrt(x)。

18. pow

原型:double　pow(double x,double y)。

功能:返回计算 x 的 y 次方的值,即求 x^y 。

头文件:math. h。

使用格式:pow(x,y)。

19. pow10

原型:double　pow10(int p)。

功能:返回计算 10 的 p 次方的值,即求 10^p 。

头文件:math. h。

使用格式:pow10(p)。

20. log

原型:double　log(double x)。

功能:返回参数 x 的自然对数($\ln x$)的值,即求 $\ln x$。

头文件:math. h。

使用格式:log(x)。

21. log10

原型:double　log10(double x)。

功能:返回参数 x 以 10 为底的对数的值,即求 $\lg x$。

头文件:math. h。

使用格式:log10(x)。

22. exp

原型:double　exp(double x)。

功能:返回参数 x 的指数函数值,即 e^x。

头文件:math. h。

使用格式:exp(x)。

23. fmod

原型:double　fmod(double x,double y)。

功能:计算 x/y 的余数,返回值为所求的余数值。

头文件:math. h。

使用格式:fmod(x,y)。

24. hypot

原型:double　hypot(double x,double y)。

功能:返回由参数 x 和 y 所计算的直角三角形的斜边长,即求 $\sqrt{x^2+y^2}$。

头文件:math. h。

使用格式:hypot(x,y)。

25. modf

原型:double modf(double value,double ＊ iptr)。

功能:把双精度数 value 分为整数部分和小数部分。整数部分保存在 iptr 中,小数部分作为函数的返回值。

头文件:math. h。

使用格式:modf(value, ＊ iptr)。

26. rand

原型:int rand(void)。

功能:随机函数,返回一个范围在 $0 \sim (2^{15}-1)$ 内的随机整数。

头文件:stdlib. h。

使用格式:rand(void)。

27. srand

原型:void srand(unsigned seed)。

功能:初始化随机函数发生器。

头文件:stdlib. h。

使用格式:srand(seed)。

练　　习

1. 分别用 for、while、do…while 编写求解下面问题的程序。

(1)求 $1^3 + 2^3 + 3^3 + \cdots + 100^3$ 的和;

(2)求 1～100 之间的所有整数之和;

(3)求 1～10000 之间的所有 3 的倍数之和;

(4)求 2～10000 以内所有素数之和;

(5)输出一个九九乘法表,要求每行相邻两个式子之间至少相隔两个空格,并且每一列的式子左对齐。

2. 通过键盘输入学生的成绩 x,并判断、输出成绩的等级。其中成绩的等级为:成绩在 $85 \leqslant x \leqslant 100$,等级为优;成绩在 $70 \leqslant x < 85$,等级为良;成绩在 $60 \leqslant x < 70$,等级为合格;成绩在 $0 \leqslant x < 60$,等级为不合格。

3. 用程序输出下面的数字塔(要求使用循环结构)。

$$
\begin{array}{l}
1 \\
2\ 3 \\
3\ 4\ 5 \\
4\ 5\ 6\ 7 \\
5\ 6\ 7\ 8\ 9 \\
6\ 7\ 8\ 9\ 10\ 11
\end{array}
$$

4. 假设有一数列满足:

$$a_{n+1} = a_n + n\ (n=1,2,3,\cdots),且\ a_1 = 1.$$

求该数列中在 10000 以内最大的项、第一个大于 10000 的项,并输出对应的项数。要求编写程序实现该问题。

5. 已知一数列满足:

$$a_{n+2} = a_{n+1} + a_n\ (n=1,2,3,\cdots)\ 且\ a_1 = 1, a_2 = 4.$$

求该数列在 1000～20000 之间的所有项,并求它们之和。要求编写程序实现该问题。

第6章 Java语言简介

要熟练地使用Java语言,就必须充分了解Java语言的基础知识,从而更深入地了解Java语言的基本语法、变量、常量、运算符、结构语句等。

每一种编程语言都有一套自己的语法规范,本章分别讲述了Java语言的基础知识、Java语言的基本结构和Java语言中的数学函数等。

6.1 Java语言的基础知识

下面简单地介绍Java语言的运算符及其优先级、数据类型、程序的书写规则、语句类型、函数、浮点数和转义字符等。

6.1.1 Java语言中的运算符及其优先级

Java常用的运算符及其优先级如表6-1所示。

表6-1 Java运算符及其优先级

优先级	运 算 符	优先级	运 算 符
1	. [ ] ( )	9	ˆ
2	++ -- ~ ! (数据类型)	10	|
3	* / %	11	& &
4	+ -	12	||
5	<< >> >>>	13	?:
6	< > <= >=	14	= *= /= %= += -= <<= >>= >>>= &= ˆ= !=
7	== !=		
8	&		

逻辑运算符及其用法如表6-2所示。

表6-2 逻辑运算符及其用法

运 算 符	运 算	范 例	结 果
&	与 (一假则假,两个真才是真)	true & true	true
		true & false	false
		false & true	false
		false & false	false

续表

运　算　符	运　算	范　例	结　果
|	或 （一真则真,两个假才是假）	true | true	true
		true | false	true
		false | true	true
		false | false	false
^	异或 （一真一假才是真, 两真或两假都是假）	true ^ true	false
		true ^ false	true
		false ^ true	true
		false ^ false	false
！	非	！true	false
		！false	true
&&	短路与 （一假则假,两个真才是真）	true && true	true
		true && false	false
		false && true	false
		false && false	false
||	短路或 （一真则真,两个假才是假）	true || true	true
		true || false	true
		false || true	true
		false || false	false

6.1.2　Java 语言的数据类型

在编写程序过程中,随时都需要使用一些变量或常量来存放数据。下面简单介绍 Java 常用的常量和变量,如表 6-3 所示。

表 6-3　常量和变量

大类	小类	说　明	例　子	备　注
常量	整型 常量	二进制,用数码 0 和 1 表示	0B01001, 0b01110	以 0b 或 0B 开头,区别二进制、十进制和十六进制
		十进制,用数码 0～9 表示	32,90L,−3487	可以在常量后加字母 l 或 L 表示长整型
		八进制,以数码 0 开头,用 0～7 表示	0223,071,024	以 0 开头,区别二进制、十进制和十六进制
		十六进制,以数字 0X 或 0x 开头,用数码 0～9,A～F 表示,字母不区分大小写	0X238A,0x38, 0x24DF	以 0X 或 0x 开头,区别八进制、十进制和二进制

大类	小类	说　　明	例　　子	备　　注
常量	浮点型常量	十进制小数,由数码 0～9 和小数点表示	$0.2,13.5,-8.73$	实型,也称浮点型
		指数形式,由十进制数、阶码标志 e 或 E,以及阶码组成	$2.1E4,5.315E4,$ $-3.67E10$	
	字符型常量	只能是用一对单引号括起来的单个字符,不能是字符串,不能用双引号或其他括号,另外还有转义字符	'4','A','\n','\t'	定义为字符型数据之后,不能参与数值运算
	字符串常量	表示一串字符,用一对双引号括起来	"483 数学", "thisisme", "abcf "	字符串中的字符个数,称为字符串长度
	布尔常量	用于表示一个事物的真与假	$45>4$; $i=10;i<=100$;	布尔常量的两个值为 true、false
	null 常量	表示对象的引用为空		
变量	数值型变量 字符型变量 布尔型变量	变量定义的一般格式: 数据类型标识符　变量;	int a,b,c; float x,y,c=5; double a,b,c; char a,b; boolean arr=turn;	必须先定义,再使用

Java 语言规定,程序中所使用的每个变量在使用前都必须先进行类型定义,即"先定义,后使用"。如果程序中的变量不先定义,系统就不知道如何在内存中存储它、需要占多少字节、允许它进行什么操作等。

6.1.3　Java 语言程序的书写规则

每一种程序语言都有自己的语法规则,因此在编写 Java 程序时必须遵守一定的规则。Java 语言程序的书写规则一般有:

(1)建议一个功能执行语句占一行;

(2)每个功能执行语句的最后必须以分号结束,分号是必不可少的组成部分;

(3)用{ }括起来的部分,通常是表示程序的某一层结构,{ }一般与该结构的第一个字母对齐,并建议单独占一行;

(4)低一层次的语句可在高一层次的语句缩进若干格后书写,以便看起来更加清晰,增加程序的可读性;

(5)英语字母严格区别大小写,即大写字母 A 与小写字母 a 是不同的;

(6)","、";"和":"等标点符号必须是英文状态下的标点符号。

前面已经介绍了 Java 的基础知识,但仅靠这些知识是无法编写出完整的程序的。在程序中还需要加入各种类型语句,特别重要的是自定义函数。

6.1.4　语句类型

Java 中常用的语句类型如表 6-4 所示。

表 6-4　常用的语句类型

类型	具体的语句类型或要求	说　　明	
结构定义语句	结构定义语句用于声明一个类或方法	声明一个类	public class Bfdf{ }
功能执行语句	表达式,计算表达式的值	表达式;	439 * 3＋3－283;
	函数调用语句	调用其他函数的语句	System. out. printf("holle! "); max(12,90);∥调用 max 函数
	复合语句	由一对{ }括起来的一组语句	{ 　　a＝45;b＝30;c＝a＋b; }
	流程控制语句(用于控制流向的语句)	条件判断语句	if 和 switch 两种
		循环语句	while,do…while,for 三种
		转向语句	break,continue,return
注释语句	(1)多行注释:以／ * 开头,以 * ／结尾,中间书写要注释的内容。 (2)单行注释:以∥开头,其后书写要注释的内容。 (3)文档注释:以／ * * 开头,以 * /结尾	(1)例如:／ * 功能,从键盘输入 * ／ 　　　∥预处理数据 (2)说明: ①／ * 与 * /必须成对出现,并且"/"与" * "之间不能有空格,注释符不能嵌套使用。 ②注释语句可以出现在程序的任何位置,对程序的编译和执行不会产生任何影响	

6.1.5　函数

6.1.5.1　函数的定义格式

函数的定义格式:在编写程序时,经常需要自定义一些函数,下面介绍函数的相关问题。

```
修饰符 返回值类型 函数名([参数类型 1 参数名 1,参数类型 2 参数名 2,…])
{
    函数体;
    return 返回值;
}
```

其中:

(1)定义函数时常用的修饰符有 public、static、final、abstract。

(2)返回值类型,是由系统提供的类型标识符,用来说明该函数返回结果的类型。例如:public static float main(String[ ] args);说明返回结果是浮点型数据。

(3)函数名,也叫方法名,由用户命名,命名时必须符合标识符的命名规则,且最好能够通过函数名来表明该函数的主要功能。

(4)标识符的命名规则:一般由英文字母、数字、下划线和美元符号($)组成,不能以数字开头。用户定义的标识符不能与系统关键字同名,如 if,int,printf 等不能作为标识符,标识符严格区分大小写。并且建议:

①包名所有字母一律小写,例如:cn. itcast. test。

②类名和接口名每个单词的首字母都大写,例如:ArrayList。

③常量名所有字母都大写,单词之间用下划线连接,例如:DAY_OF_MONTH。

④变量名和方法名的第一个单词的首字母小写,从第 2 个单词开始,每个单词首字母大写,例如:lineNumber。

⑤在程序中,尽量使用有意义的英文单词来定义标识符,这样可使程序便于阅读,例如:userName 表示用户名,passWord 表示密码。

(5)参数列表,是由一个或多个参数构成的,多个参数之间用逗号分隔,也可以没有参数,但( )不可省略。

(6)函数体由一对{ }括起来的若干语句组成,函数体内可以有一条语句或多条语句,也可以有复合语句。

(7)一个函数的定义不能写在另一个函数的函数体内,即函数不能嵌套定义。

(8)定义函数时注意返回值的类型。

更详细的说明请参考相关的书籍。

例如,下面的程序定义了一个求两个数中最大值的方法。

```
public static int max(int x,int y) {
    int z;
    if(x>y)
        z=x;
    else
        z=y;
    return z;
}
```

说明:

(1)函数名是 max,它有两个参数 x,y,它们都是 int 类型。

(2)返回值类型为 int 类型,说明该函数有返回值,并且返回值类型是 int 类型。

(3)最后一条语句 return z;是返回语句,起到将结果 z 返回到主调用函数的作用。

(4)函数如果没有参数,则不必进行参数说明。

(5)如果函数没有返回值,则用关键字 void 来说明该函数没有返回值,此时函数没有返回语句。如 public static void max(int x,int y)。

6.1.5.2 函数的调用格式

在 Java 中函数的调用格式如下:

函数名(参数列表);

例如对于上面求最大值的自定义函数,有以下的程序:

```
public class Bb{
```

```
public static void main(String[] args) {
    int max1 =max(3,89);
    System.out.println("max=" +max1);
}
public static int max(int x,int y) {
    int z;
    if(x>y)
        z=x;
    else
        z=y;
    return  z;
}
}
```

6.1.5.3　输出和输入方法的格式及相关说明

每一种编程语言都要对通过键盘输入的数据进行某种处理,然后输出到输出设备上。在 Java 中,输出方法有:

①System. out. print();打印输出后不换行。

②System. out. println();打印输出后换行,光标会移到下一行,等待下一个输出。

③System. out. printf();格式化输出格式,可以按%d,%f,%s 等的格式输出。

例如:

```
System.out.printf("value= %d\n",value);
```

而输入方法,根据输入数据的类型分为多种,更详细的情况请参考有关书籍。

下面针对常用的输入和输出格式分别介绍。

1. 输入方法

在程序中,经常需要通过键盘随时输入数据,因此输入方法是必不可少的。在使用键盘输入数据时,必须使用下面两种情况的程序代码:

(1)程序中必须导入相应的 Scanner 类:

```
import java.util.Scanner;
```

(2)在程序中必须用下面的两句代码:

```
Scanner sc =new Scanner(System.in);
    //创建一个 Scanner 类对象,用于接收从键盘输入的数据
double a =sc.nextDouble();
```

//接收键盘输入的双精度浮点型数据,赋给变量 a,输入其他类型数据类似

通过键盘输入命令的使用方法说明:

(1)调用 Scanner 类的 next()方法来接收输入的字符串,但输入的字符串不能含有空格。如果输入的字符串中有空格,计算机只认第一个空格前的字符。使用格式:

```
String a =sc.next();
```

(2)调用 Scanner 类的 nextLine()方法可以一次性接收一行字符串,不受空格的影响,以回车键为结束标识。使用格式:

```
String a =sc.nextLine();
```

(3)调用 Scanner 类的 nextDouble()接收输入一个双精度浮点数。使用格式:

```
        double a =sc.nextDouble();
```
（4）调用 Scanner 类的 nextFloat()接收输入一个单精度浮点数。使用格式：
```
        float a =sc.nextFloat();
```
（5）调用 Scanner 类的 nextInt()接收输入一个 int 型数据，而且只能接收整数。使用
格式：
```
        int a =sc.nextInt();
```
（6）调用 Scanner 类的 nextShort()接收输入一个 short 型数据。使用格式：
```
        int a =sc.nextShort();
```
例如：
```
        package bb;
        import java.util.Scanner;
        public class Bb{
            public static void main(String[] args) {
                System.out.printf("请输入一个字符串:");
                Scanner sc =new Scanner(System.in);
                String a =sc.nextLine();       //把键盘输入的数据赋给变量 a
                System.out.printf("您刚才输入了一个字符串:%s",a);
            }
        }
```

2. 输出方法

Java 中的输出方法共有三个：println()、print()、printf()。

1）println()方法

println()方法的使用格式：
```
        System.out.println("需要输出的字符串");
```
或者
```
        System.out.println(需要输出的变量);
```
或者
```
        System.out.println("需要输出的字符串"+ 需要输出的变量);
```
例如：
```
        package bb;
        import java.util.Scanner;
        public class Bb {
                public static void main(String[] args) {
                System.out.println("请输入一个整数:");
                Scanner sc =new Scanner(System.in);
                 int a =sc.nextInt();
                System.out.println("您刚才输入了一个数字"+a);
                System.out.println("输入结束!");
                }
        }
```
输出的结果如图 6-1 所示。

```
<terminated> bbb [Java Application] D:\jd
请输入一个整数:
300
您刚才输入了一个数字300
输入结束!
```

图 6-1　println()方法示例

2）print()方法

print()与 println()的区别在于：print()方法在输出结束后不换行，即光标不会自动移到下一行，而 println()方法在输出结果后自动换行，其他的相同。

例如：

```
package bb;
import java.util.Scanner;
public class Bb {
        public static void main(String[] args) {
                System.out.print("请输入一个整数:");
                Scanner sc = new Scanner(System.in);
                int a = sc.nextInt();
                System.out.print("您刚才输入了一个数字"+a);
                System.out.print("输入结束!");
        }
}
```

输出的结果如图 6-2 所示。

```
<terminated> bbb [Java Application] D:\jdk1.8\bin\javaw
请输入一个整数: 678
您刚才输入了一个数字678输入结束!
```

图 6-2　print()方法示例

3）printf()方法

printf()的功能，就是把需要输出的内容按用户指定的格式输出到屏幕上。

其使用格式：

```
printf("格式化字符",参数列表);
```

其中，格式化字符包括两部分内容：一部分是正常字符，按原样输出，如"有 90abd""48 ＊439"；另外一部分是格式化规定字符，以"％"开始，后跟一个或几个规定字符，用来确定输出内容格式。参数列表中需要列出一系列输出的参数，其个数必须与格式化字符所说明的输出参数个数一样多，各参数用"，"分隔，且顺序需要一一对应。

特别说明：

(1)如果输出的不是浮点数，println()方法和 printf()方法的输出是相同的。

(2)println()方法和 printf()方法在输出浮点数时是有区别的：println()方法输出浮点数时，不能对小数的有效位数进行控制输出；printf()方法可以控制小数有效位数的输出。

(3)浮点数的输出：对于单精度浮点数，输出的有效位数为 6～7 位（包括整数），即前面 6～7 位正确，后面的数据不一定正确；对于双精度浮点数，输出的有效位数为 15 位（包括整数），即前面 15 位正确，后面的数据不一定正确。

例如：

```
package bb;
import java.util.Scanner;
public class Bb {
        public static void main(String[] args) {
                System.out.printf("请输入一个单精度的浮点数:");
```

```
Scanner sc =new Scanner(System.in);
    //创建一个 Scanner 类对象,用于接收键盘输入的数据
float a =sc.nextFloat();
System.out.printf("您刚才输入了一个单精度的浮点数:%5.5f",a);
    //以%5.5f 的格式输出变量 a 的值
        }
    }
```

输出的结果如图 6-3 所示。

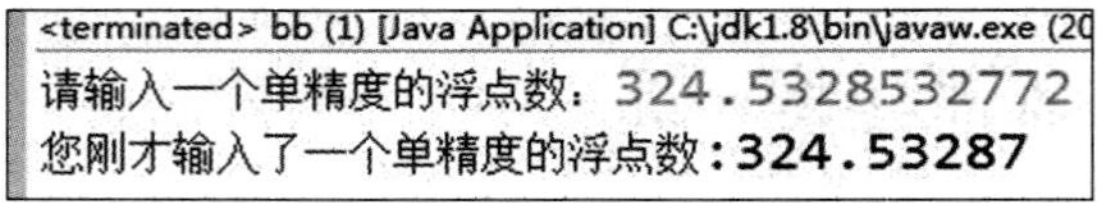

图 6-3 printf( )方法示例

3.数据类型的格式化字符

常用的数据类型的格式化字符如表 6-5 所示。

表 6-5 常用的数据类型的格式化字符

数据类型	输出格式		说　明
整型	十进制	%d	按整型数据的实际长度输出
		%md 或 %－md	m 为指定输出数据的宽度。如果数据的位数小于 m,则左端(右端)补以空格,若大于 m,则按实际位数输出
浮点型	f 格式	%f	不指定宽度,整数部分全部输出,并输出 6 位小数
		%m. nf	在%m. nf 中,m 为指定的输出数据的宽度,其中有 n 位小数。如果整数部分位数超过说明的整数位宽度,则按实际整数位输出。如果小数部分位数超过了说明的小数位宽度,则按说明的宽度以四舍五入输出
字符串	s 格式	%s	输出一个字符串,不包括" "。例如:System. out. printf ("% s","CHINA");输出"CHINA"字符串(不包括双引号)
		%ms	输出字符串的长度为 m,如字符串本身长度大于 m,则突破 m 的限制,将字符串全部输出。若字符串长度小于 m,则左补空格,即右对齐
		%－ms	输出字符串的长度为 m,如果字符串长度小于 m,则右补空格,即左对齐
一些特殊字符	\n		换行
	\f		清屏并换页
	\r		回车
	\t		Tab 符,将光标移到下一个制表符的位置
	\n		退格

6.1.6　浮点数

浮点数一般包括单精度浮点数(float)和双精度浮点数(double)。

单精度浮点数精度:最多有 6～7 位十进制有效数字,其范围:$-3.4\times10^{-38}\sim3.4\times10^{38}$。

双精度浮点数精度:可以表示十进制的 15～16 位有效数字,其范围:$-1.7\times10^{-308}\sim1.7\times10^{308}$。

6.1.7　转义字符

转义字符是一种特殊的字符变量。Java 语言中定义了一些字母前加"\"来表示常见的那些不能显示的字符,放在 Unicode 字符集中,如\t,\n 等。转义字符具有特定的含义,不同于字符原有的意义,故称"转义字符"。

转义字符一般在输出方法 printf()、print()、println()中使用,例如程序段:

```
System.out.printf("请输入一个数据:");
Scanner sc =new Scanner(System.in);
int a =sc.nextInt();
System.out.printf("输入了一个数据为:\n%d",a);
```

输出的结果如图 6-4 所示。

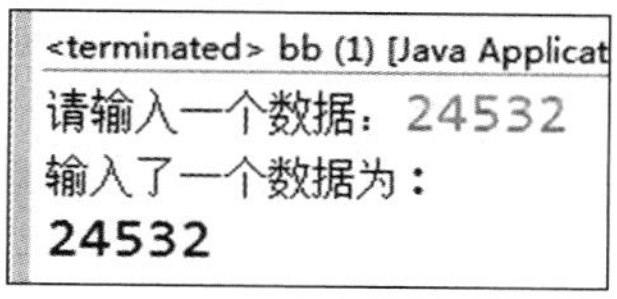

图 6-4　转义字符示例

常用的转义字符如表 6-6 所示。

表 6-6　常用的转义字符

转 义 字 符	含　　义
\ddd	1～3 位八进制数据所表示的字符,如\123
\uxxxx	4 位十六进制数据所表示的字符,如\u0052,该方式就是采用 Unicode 字符集所表示的字符
\'	单引号字符
\"	双引号字符
\\	反斜杠字符
\t	垂直制表符,将光标移到下一个制表符的位置
\r	回车
\n	换行,相当于回车
\b	退格
\f	换页

6.2　Java 语言的基本结构

每一种编程语言都有自己的结构,与其他语言一样,Java 语言也有选择、循环、跳转等结构。下面分别介绍常用结构的使用格式。

6.2.1　选择结构

1. if 结构

1)if 形式

在 Java 中,if 形式的使用格式为:

```
if (判断条件){
    语句组;
}
```

注意:如果语句组只有一条语句,也可以省略{ },此时可以写成:

```
if (判断条件)  语句;
```

执行过程:该结构先判断条件的真假,再确定是否执行语句组。如果判断条件(判断条件必须是一个表达式,不能只是常数或变量)为真,则执行语句组,结束该结构,继续执行 if 结构后面的语句;否则计算机什么都没做,结束该结构,继续执行 if 结构后面的语句。语句组可以是单条语句,也可以是用大括号{ }包括起来的复合语句。示例如下:

```java
import java.util.Scanner;
public class Bb {
    public static void main(String[] args) {
        System.out.printf("请输入两个整数,用空格分隔:");
        Scanner sc =new Scanner(System.in);
        int a=sc.nextInt();
        int b=sc.nextInt();
        int max;
        System.out.printf("您刚才输入的两个整型数据为:%d,%d\n",a,b);
        max=a;
        if(max<b)
            max=b;
        System.out.printf("两个数%d 和%d 的最大值为%d\n",a,b,max);
    }
}
```

2)if …else 形式

在 Java 中,if …else 形式的使用格式为:

```
if (判断条件){
    语句组 1;
}else{
    语句组 2;
}
```

执行过程:在这种 if 语句结构中,先判断条件的真假,再根据判断条件的真假来确定执行哪一个语句组。如果判断条件为真,则执行语句组 1,结束该结构后,继续执行 if 结构之后的程序;如果判断条件为假,则执行语句组 2,结束该结构后,继续执行 if 结构之后的程序。必须注意:语句组 1 和语句组 2 只执行其中一个语句组。示例如下:

```java
import java.util.Scanner;
public class Bb {
    public static void main(String[] args) {
        System.out.printf("请输入两个整数,用空格分隔:");
        Scanner sc =new Scanner(System.in);
        int a=sc.nextInt();
        int b=sc.nextInt();
        int max;
        System.out.printf("您刚才输入的两个整型数据为:%d,%d\n",a,b);
        if(a>b)
            System.out.printf("两个数%d和%d的最大值为%d\n",a,b,a);
        else
            System.out.printf("两个数%d和%d的最大值为%d\n",a,b,b);
    }
}
```

3)if …else if 形式

在 Java 中,if …else if 形式的使用格式为:

```java
if (判断条件 1){
    语句组 1;
}else if(判断条件 2){
    语句组 2;
}else if(判断条件 3){
    语句组 3;
}……
else if(判断条件 n){
    语句组 n;
}else{
    语句组 n+1;
}
```

执行过程:在该 if 语句结构中依次判断条件 k,当出现某个判断条件 k 为真时,则执行其对应的语句组 k,然后结束该结构,继续执行 if 结构下面的程序。如果所有判断条件均为假,则执行语句组 n+1,结束该结构,继续执行 if 结构下面的程序。示例如下:

```java
import java.util.Scanner;
public class Bb{
    public static void main(String[] args) {
        System.out.printf("请输入一个学生的分数:");
        Scanner sc =new Scanner(System.in);
        int fenShu=sc.nextInt();
        String arr;
```

```
        if(fenShu> =90 && fenShu<=100) {
            arr="优";
            System.out.printf("该学生的成绩是%d,等级为%s:",fenShu,arr);
        }else if(fenShu> =80 && fenShu<90) {
            arr="良";
            System.out.printf("该学生的成绩是%d,等级为%s:",fenShu,arr);
        }else if(fenShu> =70 && fenShu<80) {
            arr="中";
            System.out.printf("该学生的成绩是%d,等级为%s:",fenShu,arr);
        }else if(fenShu> =60 && fenShu<70) {
            arr="及格";
            System.out.printf("该学生的成绩是%d,等级为%s:",fenShu,arr);
        }else if(fenShu> =0 && fenShu<60) {
            arr="不及格";
            System.out.printf("该学生的成绩是%d,等级为%s:",fenShu,arr);
        }else
            System.out.printf("你输入的数据错误。");
        }
    }
```

4)if 的嵌套形式

在 Java 中,if 的嵌套形式的使用格式为:

```
    if (判断条件 1){
        if(判断条件 2){
            语句组 1;
        }else{
            语句组 2;
        }
    }else{
        语句组 3;
    }
```

执行过程:首先判断条件 1,如果结果为真则执行内层 if…else 语句;如果判断条件 1 为假,则执行语句组 3,然后结束该结构,继续执行 if 结构下面的程序。当执行内层 if…else 语句时,先判断条件 2,如果判断条件 2 为真则执行语句组 1,然后结束该内层 if 结构,继续执行内层 if 结构下面的程序;如果判断条件 2 为假,则执行语句组 2,然后结束该结构,继续执行内层 if 结构下面的程序。总之,程序必须在语句组 1、2、3 中选择其中一个来执行。示例如下:

```
    import java.util.Scanner;
    public class Bb {
        public static void main(String[] args) {
            System.out.println("请输入两个整数:");
            Scanner sc =new Scanner(System.in);
            int a=sc.nextInt();
            int b=sc.nextInt();
            if(a==100){
```

```
        if(b==200){
            System.out.println("a 等于 100 并且 b 等于 200");   //语句 1
        }else
            System.out.println("a 等于 100,但 b 不等于 200");   //语句 2
    }else
        System.out.println("a 不等于 100");                   //语句 3
    }
}
```

2. switch 语句

在 Java 语言中还提供了一种多路判断语句 switch。在这种结构里可以实现一个判断条件为真时程序执行若干条语句。switch 语句的使用格式为:

```
switch (常量表达式) {              //表达式必须为整型或字符型表达式
    case 常量表达式 1:   //case 与表达式之间必须留有空格,表达式也称为标量
        语句序列 1;
        break;
    case 常量表达式 2:              //每个表达式 k 互不相同
        语句序列 2;
        break;
    case 常量表达式 3:
        语句序列 3;
        break;
    ……
    default:
        语句序列 n+1;
        break;
}
```

执行过程:在 switch 结构中,先把常量表达式的值依次与常量表达式 k 的值比较,当遇到常量表达式的值=某个常量表达式 k 的值时,则执行从该语句序列 k 开始的所有语句,不再进行判断,直至遇到 break 或 switch 结构结束。如果常量表达式的值与所有常量表达式 k 的值都不相等,则执行 default 后的语句序列 n+1 或退出 switch 结构。

这里用到的 break,是一个使程序立即从 switch 或循环中退出的语句。示例如下:

```
import java.util.Scanner;
public class Bb {
    public static void main(String[] args) {
        System.out.println("请输入一个学生成绩对应的等级:");
        Scanner sc =new Scanner(System.in);
        String grade=sc.nextLine();
        switch(grade)
        {
            case  "A":
                System.out.println("他的成绩在 90~100\n");
                break;
```

```
        case  "B":
            System.out.println("他的成绩在 80~89\n");
            break;
        case  "C":
            System.out.println("他的成绩在 70~79\n");
            break;
        case  "D":
            System.out.println("他的成绩在 60~69\n");
            break;
        case  "E":
            System.out.println("他的成绩在 0~59\n");
            break;
        default:
            System.out.println("你的输入有错！\n");
        }
    }
}
```

执行上述程序时,如果输入 grade 的值为 A,则输出结果是:他的成绩在 90~100。

如果输入 grade 的值为 B,则输出结果是:他的成绩在 80~89。

如果输入 grade 的值超出 A~E,则输出结果是:你的输入有错!

如果把所有的 break 语句去掉,则程序找到一个入口后会一直执行到 switch 结束。

例如:如果输入 grade 的值为 D,则输出结果是:

他的成绩在 60~69

他的成绩在 0~59

你的输入有错!

我们只需要随时输入学生成绩等级,能知道其相对应的成绩,显然后面两行的信息是我们不需要的,所以实际应用中要善于使用 break 语句。

6.2.2　循环结构

Java 语言的循环结构有三种主要形式:while,do…while 和 for。

1. while 语句

while 语句的使用格式为:

```
    while (判断条件) {
        循环体；          //循环体可以是一条简单语句,也可以是复合语句
    }
```

执行过程:在 while 循环语句中,先判断条件,再确定是否执行循环体。当判断条件成立(即为真)时执行循环体,执行完循环体后再判断条件,如果判断条件还成立,继续执行循环体,执行完循环体后再去判断条件……一直到判断条件不成立(即为假)时为止,结束循环。while 语句中的循环体可能 1 次都不执行,也可能执行 1 次、2 次……示例如下:

```
public class Bb {
    public static void main(String[] args) {
```

```
        int i=0;
        while(i<10)
        {
            System.out.printf("%d",i);
            i++;                    //循环变量的变化,用来控制循环次数
        }
    }
}
```

2. do…while 语句

do…while 语句的使用格式为:

```
    do{
        循环体;
    }while (判断条件);    //";"不能省略
```

执行过程:在 do…while 循环语句中,先执行循环体,然后再判断条件;当判断条件成立时,再去执行循环体,执行完循环体后再去判断条件;如果判断条件还成立,继续执行循环体,执行完循环体后再去判断条件……一直到判断条件不成立时为止,结束循环。由于 do…while 循环语句是先执行循环体,再判断条件,故 do…while 语句中的循环体至少被执行 1 次。例如:

```
    import java.util.Scanner;
    public class Bb{
        public static void main(String[] args){
            int i;
            do
            {
                System.out.printf("请输入一个数字:\n");
                Scanner sc =new Scanner(System.in);
                i=sc.nextInt();
                i=i+1;
                System.out.printf("%d\n",i);
            }while(i<10);
        }
    }
```

3. for 语句

for 语句的使用格式为:

```
    for (循环变量赋初值; 循环条件; 修正循环变量) {
                        //修正循环变量就是让循环变量的取值发生变化
        循环体;

    }
```

执行过程:在 for 循环语句中,先给循环变量赋初值,然后判断条件是否成立;如果判断条件成立,则执行循环体,修正循环变量,然后再判断条件是否成立;如果判断条件还成立,则再次执行循环体,再次修正循环变量……一直到判断条件不成立时为止,结束循环。例如:

```
public class Bb {
    public static void main(String[] args) {
        int i,a=5;
        for(i=1;i<=10;i++)
            System.out.printf("%d\n",a*a+i);
//也可以使用数学函数 Math.pow(a,2),但该函数的返回值类型是浮点型
// System.out.printf("%f\n",Math.pow(a,2)+i);
    }
}
```

三种循环结构的流程图如图 6-5 所示。

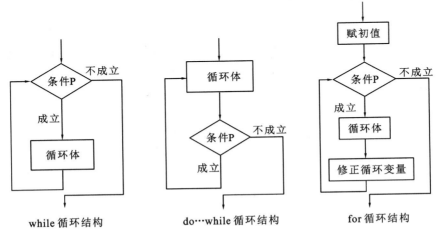

图 6-5　三种循环结构的流程图

4. 循环的嵌套

循环体中的循环语句,构成循环的嵌套,也称多重循环结构。套在循环体内的循环称为内循环,嵌套有内循环的循环称为外循环。

例如,要输出图 6-6 所示的效果图。

1

222

33333

4444444

555555555

图 6-6　输出的效果图

首先,观察输出结果的特征,第一行只输出 1 个"1",第二行输出 3 个"2",第三行输出 5 个"3",第四行输出 7 个"4",第五行输出 9 个"5"。然后从中找输出结果的规律,如表 6-7 所示。

表 6-7　图 6-6 中输出效果图的规律

行　数	输出的数字	输出数字的个数	输出数字左边的空格数
第一行	1	1	4
第二行	2	3	3

续表

行　　数	输出的数字	输出数字的个数	输出数字左边的空格数
第三行	3	5	2
第四行	4	7	1
第五行	5	9	0
每行都是居中输出相应数字	输出的数字是首项为 1、公差为 1 的等差数列,其通项公式为 $a_i=i$,i 为其所在的行数	输出的数字个数是首项为 1、公差为 2 的等差数列,其通项公式为 $a_i=2i-1$,i 为其所在的行数	输出数字左边的空格数是首项为 4、公差为 -1 的等差数列,其通项公式为 $a_i=5-i$,i 为其所在的行数

　　输出的结果需要确定输出的行数和列数,其中:以输出的行数为项数(即 i,记为行数),输出的数字个数和数字左边的空格数为通项(即 j,记为列数),循环输出得到结果。

　　程序代码如下:

```java
public class Bb {
    public static void main(String[] args) {
        int i,j;
        for(i=1;i<=5;i++){ //外层循环,控制循环次数,此处 i 指输出的行数
            for(j=1;j<=5- i;j++)    //内层循环,控制输出空格的个数
                System.out.printf(" ");
            for(j=1;j<=2*i-1;j++)
                System.out.printf("%d",i);
            System.out.printf("\n");
        }
    }
}
```

6.2.3　其他结构

　　在编写程序时,除了用到选择结构、循环结构之外,有时也需要用到其他的语句结构,例如 break、continue 和 return 语句,下面分别介绍。

1. break 语句

　　break 语句用于 for、while、switch 循环中,表示跳出当前所在的循环。例如:

```java
while (判断条件) {
    语句组 1;
    if (判断条件)
        break;
    语句组 2;
}
```

　　此处 break 的作用是从 break 语句所在的循环体中跳出来,接着执行循环体的下一条语句。在循环体中,break 通常与 if 语句一起使用,以便在满足条件时中途跳出循环。

2. continue 语句

continue 语句一般用于 for 和 while 循环语句,表示跳出本次循环,进行下一次循环。

在 Java 语言中,程序的执行是按语句执行下去的。break 语句与 continue 语句的区别主要有:

(1)break 语句作用范围:用于 switch 结构或循环体结构,常与 if 一起使用。

其作用是:在循环体中,如果碰到 break,则跳出本层循环。也就是说,在一个循环体中程序执行时如果遇到 break,那么就退出该层循环体,继续执行循环体结构下面的语句。在循环结构中,break 通常与 if 一起使用,以便在满足条件时中途跳出循环。

(2)continue 语句作用范围:只用于循环体结构,常与 if 一起使用,用来加速循环。

其作用是:在循环体中,如果碰到 continue,则在该层循环体内 continue 后面的语句就不执行了,继续执行下一次循环,即结束本次循环,继续执行该层循环的下一次循环。

例如:

```java
public class bb {
    public static void main(String[] args) {
        int a,i,j;
        a=0;j=0;
        for(i=0;i<=100;i++){
            a=a+i;
            if(i==1)
                break;
            j=j+1;
        }
        System.out.printf("i=%d 时,j=%d,计算的结果为%d",i,j,a);
    }
}                    //输出结果:i=1 时, j=1, 计算结果为 1
```

如果程序写成:

```java
public class bb {
    public static void main(String[] args) {
        int a,i,j;
        a=0;j=0;
        for(i=0;i<=100;i++){
            a=a+i;
            if(i==1)
                continue;
            j=j+1;
        }
        System.out.printf("i=%d 时,j=%d,计算的结果为%d",i,j,a);
    }
}                    //输出结果:i=101 时, j=100, 计算结果为 5050
```

3. return 语句

return 语句表示返回函数值,如果没有返回值,可以不写该语句。

6.3　Java 语言中的数学函数

表 6-8 列举了 Java 语言中常用的数学函数,更多的函数、更详细的说明请参考相关书籍。

表 6-8　常用的数学函数

函　　数	使 用 格 式	使 用 说 明
random	Math. random();	取得一个大于或者等于 0.0 小于不等于 1.0 的随机数
sqrt	Math. sqrt(a)	计算 a 的平方根
cbrt	Math. cbrt(a)	计算 a 的立方根
pow	Math. pow(a,b)	计算 a 的 b 次幂
exp	Math. exp(x)	计算 e^x 的值
abs	Math. abs(a)	求 a 的绝对值

练　　习

1. 分别用 for、while、do…while 编写求解下面问题的程序。

(1) 求 $1^3 + 2^3 + 3^3 + \cdots + 100^3$ 的和;

(2) 求 1～100 之间的所有整数之和;

(3) 求 1～10000 之间的所有 3 的倍数之和;

(4) 求 2～10000 以内所有素数之和;

(5) 输出一个九九乘法表,要求每行中的两个式子至少相隔两个空格,每列左对齐。

2. 通过键盘输入学生的成绩 x,并判断、输出成绩的等级。其中成绩的等级为:成绩在 $85 \leqslant x \leqslant 100$,等级为优;成绩在 $70 \leqslant x < 85$,等级为良;成绩在 $60 \leqslant x < 70$,等级为合格;成绩在 $0 \leqslant x < 60$,等级为不合格。

3. 编写程序输出图 6-7 所示的数字塔,要求使用循环语句。

```
          1
         2 3
        3 4 5
       4 5 6 7
      5 6 7 8 9
     6 7 8 9 10 11
```

图 6-7　数字塔

4. 编写程序输出图 6-8 所示的图形,要求使用循环语句。

```
                        *
                   *         *
                *                *
              *                    *
             *                      *
            * * * * * * * * * *
```

图 6-8　输出的效果

5.假设有一数列满足：

$$a_{n+1}=a_n+n\ (n=1,2,3,\cdots),且\ a_1=1.$$

求该数列中在 10000 以内最大的项、第一个大于 10000 的项，并输出对应的项数。要求编写程序实现该问题。

6.已知一数列满足：

$$a_{n+2}=a_{n+1}+a_n(n=1,2,3,\cdots)且\ a_1=1,a_2=4.$$

求该数列在 1000～20000 之间的所有项，并求它们之和。要求编写程序实现该问题。

第7章 Python 语言简介

Python 语言是一门简单易学的语言,同其他计算机语言一样,Python 语言作为一门独立的语言,有自己独树一帜的特色语法。本章对 Python 语言做简单的介绍。

7.1 Python 语言的基本语法

为了更深入地学习 Python 语言,下面对 Python 的基本语法进行简单介绍。

1. 注释

为使程序便于阅读和理解,可以在程序中添加注释。注释的作用是增强程序的可读性和帮助对程序进行调试。注释在程序运行时,不会被执行。在 Python 中,注释有两种:单行注释和多行注释。

Python 中的单行注释以"#"开头,例如:

```
print ("Hello, Python! ")    # 注释语句
```

多行注释一般使用三引号作为开头和结束符号,三引号可以是三个单引号或三个双引号,例如:

```
"""
print(value, ..., sep=' ', end='\n', file=sys.stdout, flush=False)
"""
```

2. 行与缩进

Python 最具特色的地方就是使用相同缩进来表示代码块,不用大括号{ }来表示。缩进的空格数是可变的,但是同一个代码块的语句必须包含相同的缩进空格数,否则计算机认为是错误的。例如:

```
if True:
    print ("True")
else:
    print ("False")
  print ("hello")        # 该句缩进不一致,会导致运行错误
```

关于缩进空格数的说明:

(1)建议大家统一使用 4 个空格宽度进行缩进。

(2)不同的文本编辑器中制表符代表的空白宽度不一致,如果编写的代码需要跨平台使用,建议不要使用制表符进行缩进,而是采用空格符来缩进。

3.语句换行

Python 通常是一行写完一条语句,但如果语句很长,则需要换行处理,这时可以在语句的外侧使用一对小括号来实现。例如:

```
string=("Python 是一种面向对象、解释型计算机程序设计语言,"
        "变量可以不用先定义,直接使用,"
        "Python 与 Matlab 是两种不同的语言,但使用规则类似,"
        "Python 与 Matlab 都有选择语句和循环语句两种结构。")
```

注意:在[ ]、{ }或( )中的语句,不需要再使用小括号进行换行。

当一行代码较长时,也可以使用续行符将代码分成几行书写。书写程序时,在行尾使用反斜杠"\"字符作为续行符,表示下一行与本行是同一条语句。例如:

```
ser_obj3=ser_obj1.reindex(['a', 'b', 'c','d','e','f'],\
          fill_value=6)
```

7.2　标识符和关键字

1.标识符

如果希望在程序中表示一些事物,需要用户自定义一些符号和名称,这些符号和名称叫作标识符。任何语言的标识符都会有一定的命名规则。

Python 中标识符的命名规则:

(1)标识符由字母、下划线和数字组成,且不能以数字开头;

(2)标识符是区分大小写的;

(3)标识符不能使用关键字。

为规范标识符,这里对标识符的命名提出建议:见名知意,起一个有意义的名字,尽量做到看一眼就知道标识符是什么意思,从而提高代码的可读性。例如:fromNo12,orange,APPLE 等都是合法的标识符;from♯12,2ndobj,123.if 都是不合法的标识符。

2.关键字

在 Python 中,关键字指的是具有特殊功能的标识符。关键字是 Python 语言自己已经使用的,不允许用户定义和关键字相同名字的标识符。Python 中常用的关键字如表 7-1 所示。

表 7-1　常用的关键字

False	continue	from	or	None	def
global	pass	True	del	if	is
raise	and	elif	import	return	as
else	in	try	assert	except	for
while	break	finally	not	with	class

7.3　变　　量

1.变量和赋值

Python 中的变量是用来存储数据的,其类型和值在赋值的那一刻就被初始化。例如:

```
a=100
b=87
result =a+b
```

上述例子中,a、b 和 result 都是变量,其中 a 和 b 分别存储的数据是 100 和 87,变量 result 存储的数据是 a 和 b 这两个数据之和。

2.变量的类型

在使用变量存储数据时,为了方便充分利用内存空间,可以为变量指定不同的数据类型。Python 中常见的变量类型如图 7-1 所示。

图 7-1　变量的类型

下面对变量的数据类型做简单介绍。

1)数字类型

Python 中的数字类型包含整型、浮点型和复数类型,例如:

整型:0101,83,−239,0x80,235299392。

浮点型:3.3432,4.2,−4.432E29。

复数类型:3.12+3.43j,−14.3-49j。

2)布尔类型

在 Python 中,布尔类型共有两个值:True 和 False。它主要用来描述条件判断的结果,当条件成立时,结果为真;当条件不成立时,结果为假。布尔类型是特殊的整型,如果将布尔值进行数值运算,True 会被当作整数 1,False 会被当作整数 0。

3)字符串类型

Python 中的字符串被定义为一个字符集合,被引号包含,引号可以是单引号、双引号或者三引号(即三个连续的单引号或双引号)。字符串的索引规则从 0 开始,第 1 个字符索引是 0,第 2 个字符索引是 1,以此类推。例如:

```
str1='Python'
str2="Python"
str3='''Python'''
```

值得注意的是,在单独建立项目的命令窗口中,字符串是浅绿色字体。

4)列表和元组类型

可以将列表和元组当作普通的"数组",可以保存任意数量的任意类型的值,那些值称为元素。不同的是,列表中的元素使用中括号[ ]包含,元素的个数和值可以随意修改;而元组中的元素使用小括号( )包含,元素的个数和值不可以被修改。例如:

```
aList = [1,2, 'hello']
aTuple = (1,2, 'hello')
```

5)字典类型

字典是 Python 软件中的映射数据类型,由键-值对组成。字典可以存储不同类型的元素,元素用大括号{ }来包含。通常情况下,字典的键以字符串或数值的形式来表示,字典的值可以是任意类型。例如:

```
aDict ={"name": "zhangsan", "age":18 }
```

注意:Python 中的变量可以不用先定义再赋值,而是直接赋值即可,给变量赋什么类型的值,系统会自动辨别变量的数据类型。

7.4　基本数据类型

1.整型(int)

整数类型(int)简称整型,它用于表示整数。在 Python 中,整型数据有四种,分别是:二进制、八进制、十进制、十六进制。各种数据有不同的特征。

二进制:由数字 0 或 1 组成,以"0b"或"0B"开头,如 0b10100 或 0B10100。

八进制:由数字 0~7 组成,以"0"开头,如 010314。

十进制:由数字 0~9 组成,如 6483404。

十六进制:表示十六进制的字符为 0~9,A~F 或 a~f,以"0x"或"0X"开头,如 0x14 或 0X9a4bd 等。

2.浮点型(float)

浮点型(float)用于表示实数,即表示数学上有小数点的实数。浮点型字面值可以用十进制或科学记数法表示。在 Python 中浮点型的科学记数法格式:

　　　<实数> E 或者 e<整数>

其中:E 或者 e 表示基数是 10,整数表示指数,指数的正负使用 + 或 - 表示。例如:-1.7e302,表示浮点数 -1.7×10^{302};7.9e-28,表示浮点数 7.9×10^{-28}。

3.布尔类型

布尔类型其实是整型的子类型,即一种特殊的整型。布尔类型数据只有两个取值,即 True 和 False,分别对应整型的 1 和 0。

4.复数类型

复数类型用于表示数学中的复数,例如,5+3j、4-8i 都是复数类型。Python 中的复数类型是一般计算机语言所没有的数据类型,它有以下两大特点:

(1)复数由实数部分和虚数部分构成,表示为 real+imagj 或 real+imagJ;

(2)复数的实数 real 和虚数 imag 都是浮点型。

一个复数必须有表示虚部的实数和 j,例如 1j、−5j 都是复数,而 0.2 不是复数。

注意:不同类型的数字之间可以进行转换,只不过在转换过程中,需要借助于一些函数。常见的数字类型之间的转换方式有如下三种:

(1)int(x) 将 x 转换为一个整数;

(2)float(x) 将 x 转换为一个浮点数;

(3)complex(a,b) 用 a,b 创建一个复数 a+bi。

5.字符串类型

用单引号对、双引号对或三引号对括起来的字符序列,称为字符串。字符串内含的字符个数,称为该字符串的长度。

说明:

(1)用于包括字符串的引号不是字符串中的字符,起分隔和区别其他对象的作用。

(2)用单引号或双引号括起来的字符串只能写在一行。

(3)三引号括起来的字符串可写多行,常作注释文档用。

(4)字符串内含有单引号对,应用双引号括起;含有双引号对,应用单引号括起。

7.5　运算符及优先级

Python 语言的运算符及其优先级如表 7-2 所示。

表 7-2　运算符及其优先级

优　先　级	运　算　符	描　　述
1	( )	括号
2	* *	指数
3	～(即负号)	按位取反,取负值
4	*　/　%　//	乘、除、取模、取整
5	+　−	加法、减法
6	>>　<<	右移、左移运算符
7	&	按位与
8	ˆ　|	按位异或、按位或
9	<=　<　>　>=	比较运算符
10	==　! =	等于、不等于运算符
11	=　%=　/=　−=　+=　*=　* *=	赋值运算符
12	in　not in	成员运算符
13	or　and　not	逻辑运算符

7.6　控　制　结　构

每一种编程语言都有其特有的语句结构。本节主要针对 Python 中的选择结构、循环结构和其他语句等进行讲解。

7.6.1 选择结构

Python 中的选择结构只有一种格式：if 语句。

if 语句是最简单的条件选择语句，它可以控制程序的执行流程。共有 4 种类型：if 语句、if…else 语句、if…elif 语句、if 嵌套。

下面分别讨论这四种选择语句的使用格式。

1. if 语句

该结构的使用格式为：

```
if 判断条件:
        语句组
```

执行过程：该结构先判断条件的真假，再确定是否执行语句组。如果判断条件为真，则执行语句组，结束该结构，继续执行 if 结构后面的语句；否则计算机什么都没做，结束该结构，继续执行 if 结构后面的语句。例如：

```
age=30
print("你好")
if age>18:                          # 该句可以写成 if(age>18):
        print("我已经满 18 岁了!")
print("判断结束")
```

使用 if 语句时的注意事项：

(1)每个 if 条件后必须使用冒号":"，表示接下来是满足条件后要执行的语句。

(2)使用缩进来划分语句块，相同缩进数的语句在一起组成一个语句块。

(3)在 Python 中没有 switch…case 语句，即判断语句只有一种，即 if 语句。

2. if…else 语句

该结构的使用格式为：

```
if 判断条件:
            语句组 1
else:
            语句组 2
```

执行过程：在这种 if…else 语句结构中，先判断条件的真假，再根据判断条件的真假来确定执行哪一个语句组。如果判断条件为真，则执行语句组 1，然后结束该结构，继续执行 if 结构下面的程序。如果判断条件为假，则执行语句组 2，然后结束该结构，继续执行 if 结构下面的程序。例如：

```
a=1
if a==1:
        print("a 等于 1")
else:
        print("a 不等于 1")
```

3. if…elif 语句

如果需要判断的情况多于两种，if 和 if…else 语句显然无法完成判断，于是就出现了 if…

elif 判断语句,该语句可以判断多种情况。

该结构的使用格式为:

```
if 判断条件 1:
        语句组 1
elif 判断条件 2:
        语句组 2
elif 判断条件 3:
        语句组 3
……
elif 判断条件 n:
        语句组 n
else:
        语句组 n+1
```

执行过程:在该 if…elif 语句结构中依次判断条件,当出现某个判断条件为真时,则执行其对应的语句组,然后结束该结构,继续执行 if 结构下面的程序。如果所有判断条件均为假,则执行对应的语句组 n+1,结束该结构,继续执行 if 结构下面的程序。例如:

```
scoreInput=input("请输入 1 或 2")
score=int(scoreInput)
if score>=90 and score<=100:
    print("本次考试,等级为'A'")
elif score>=80 and score<90:
    print("本次考试,等级为'B'")
elif score>=70 and score<80:
    print("本次考试,等级为'C'")
elif score>=60 and score<70:
    print("本次考试,等级为'D'")
elif score>=0 and score<60:
    print("本次考试,等级为'E'")
else:
    print("你的成绩有错,无法判断等级!")
```

4.if 嵌套

if 嵌套指的是在 if 或者 if…else 语句里面包含 if 或者 if…else。例如,其中一种 if 嵌套的使用格式为:

```
if 判断条件 1:
    语句组 1
    if 判断条件 2:
        语句组 2
    else
        语句组 3
else
    语句组 4
```

执行过程:在该结构中,首先执行判断条件 1,如果结果为真,则执行内层 if…else 语句;如果判断条件 1 为假,则执行语句组 4,然后结束该结构,继续执行该 if 结构下面的程序。当执行内层 if⋯else 语句时,先执行判断条件 2,如果判断条件 2 为真,则执行语句组 2,然后结束该 if 结构,继续执行该 if 结构下面的程序;如果判断条件 2 为假,则执行语句组 3,然后结束该 if 结构,继续执行该 if 结构下面的程序。总之,程序必须在语句组 1、2、3 和 4 中选择其中一个来执行。例如:

```
playerInput=input("请输入 1 或 2")
player=int(playerInput)
if  player>0:
    if  player==1:
        print(你输入的是"%d,恭喜,你答对了!"%player)
    else:
        print(你输入的是"%d,对不起,你答错了!"%player)
else:
    print(你输入的是"%d,你的输入有错,请重新输入!" %playerInput)
```

7.6.2 循环结构

在程序中,如果想重复执行某些操作,可以使用循环语句实现。Python 提供了两种循环语句,分别是 while 循环和 for 循环。下面将针对这两种循环进行讲解。

1. while 循环

该结构的使用格式为:

```
while 判断条件:
    循环体
```

执行过程:在 while 循环语句中,先执行判断条件,再确定是否执行循环体。当判断条件为真时执行循环体,执行完循环体后再判断条件,如果判断条件还是真,继续执行循环体,执行完循环体后再去判断条件⋯⋯一直到判断条件为假时,结束循环。例如:

```
var =1
while var ==1:
    num =int(input("请输入一个数字:"))
    print("你输入的数字是:", num)
print("Good dye!")
```

2. for 循环

Python 中的 for 循环可以遍历任何序列的项目,可以是一个列表或一个字符串。该结构的使用格式为:

```
for 变量  in  序列:
    循环体
```

执行过程:在 for 循环语句中,变量取序列中的第一个值时执行循环体,然后变量取序列的第二个值时又执行一次循环体⋯⋯一直到变量取序列的最后一个值时执行一次循环体,此时结束循环。例如:

```
i=0
sumResult=0
```

```
for i in [1,1,100]:
    if  i%2==0:
        sumResult=sumResult+i
print("1~100之间的所有偶数之和为:%s"%sumResult)
```

7.6.3 其他语句

1. break 语句

break 语句用于结束整个循环(指当前所在的内层循环)。例如:

```
i=1
for i in range(5):
    if i==3:
        break
    print(i)
```

执行上述循环语句,程序会依次输出从 0～2 的整数,当 i=3 时满足 if 的判断条件,从而结束循环。

2. continue 语句

continue 语句的作用是结束本次循环,紧接着执行下一次循环,并没有结束所在的循环。例如:

```
i=1
for i in range(5):
    if i==3:
        continue
    print(i)
```

执行上述循环语句,程序会依次输出整数 0～2 和 4。因为当 i=3 时满足 if 的判断条件,从而结束本次循环,没有输出整数 3,继而进行下一次循环,i=4 时输出整数 4,最后结束循环。

break 语句和 continue 语句的说明:

(1)break 语句用于结束它当前所在的内层循环;continue 用于结束本次循环,紧接着执行下一次循环,并没有结束所在的循环。

(2)break 和 continue 都只能用于循环结构中,不能用于其他结构。

(3)break 和 continue 的作用范围是:包含该语句的内层循环结构中,不能作用于外层循环结构。

3. pass 语句

Python 中的 pass 是空语句,它是为了保持程序结构的完整性而存在的。pass 语句不做任何事情,用于占位。例如:

```
for letter in 'Runoob':
    if letter =='o':
        pass
        print ('执行 pass 块')
    print ('当前字母 :', letter)
print ("Good bye!")
```

4. else 语句

else 语句既可以与 if 判断语句一起使用,也可以和循环语句结合使用,并且 else 语句是在循环完成后执行的。

```
count = 0
while count < 5:
    print(count, " is less than 5")
    count = count + 1
else:
    print(count, " is not less than 5")
```

练　　习

1. 编写一个程序,用来判断通过键盘输入的浮点数是正数还是负数。

2. 分别用 for、while 编写求解下面问题的程序。

(1) 求 $1^3 + 2^3 + 3^3 + \cdots + 100^3$ 的和;

(2) 求 1～100 之间的所有整数之和;

(3) 求 1～10000 之间的所有 3 的倍数之和;

(4) 求 2～10000 以内所有素数之和;

(5) 输出一个九九乘法表,要求每行中的两个式子至少相隔两个空格,每列左对齐。

3. 通过键盘输入学生的成绩 x,并判断、输出成绩的等级。其中成绩的等级为:成绩在 $85 \leqslant x \leqslant 100$,等级为优;成绩在 $70 \leqslant x < 85$,等级为良;成绩在 $60 \leqslant x < 70$,等级为合格;成绩在 $0 \leqslant x < 60$,等级为不合格。

4. 编写程序输出下面的数字塔:

$$1$$
$$2\ 3$$
$$3\ 4\ 5$$
$$4\ 5\ 6\ 7$$
$$5\ 6\ 7\ 8\ 9$$
$$6\ 7\ 8\ 9\ 10\ 11$$

5. 假设有一数列满足:

$$a_{n+1} = a_n + n \ (n = 1, 2, 3, \cdots), \text{且} \ a_1 = 1.$$

求该数列中在 10000 以内最大的项、第一个大于 10000 的项,并输出对应的项数。要求编写程序实现该问题。

6. 已知一数列满足:

$$a_{n+2} = a_{n+1} + a_n \ (n = 1, 2, 3, \cdots) \text{且} \ a_1 = 1, a_2 = 4.$$

求该数列在 1000～20000 之间的所有项,并求它们之和。要求编写程序实现该问题。

第8章 递 归

递归,在数学和计算机科学中,是指在函数的定义中又调用函数自身的方法。递归是一种奇妙的思考问题方法,通过递归的这种思路,可简化问题的定义。递归是一种非常接近自然思维的思想,了解多了以后,用起递归来是非常自然的,但不是每个场合使用递归都是合适的。通常递归方法适合于层次结构本身就是递归定义的情况。

递归解决逻辑问题的基本思想是:把规模大的、较难解决的问题变成规模较小的、容易解决的同一问题;规模较小的问题又变成规模更小的问题,并且小到一定程度可以直接得到它的解,从而得到原来问题的解。简单来说,递归问题,可以划分为一个或多个子问题,而处理子问题的规则与处理原问题的规则是一样的。

递归的本质,是缩小问题的规模,因此在实际应用中要使用递归算法,通常需要分析以下三个方面的问题:

(1)每一次递归调用,在处理问题的规模上都应有所缩小(通常问题规模可减半)。

(2)相邻两次递归调用之间有紧密的联系,前一次要为后一次递归调用做准备,通常是前一次递归调用的输出作为后一次递归调用的输入。

(3)在问题的规模极小时,必须直接给出解答而不是进行递归调用,因而每次递归调用都是有条件的(以规模未达到直接解答的大小为条件),无条件递归调用将会成为死循环而不能正常结束。

根据上面的描述,在设计递归算法时,主要考虑以下两个方面的问题:

(1)确定递归公式。把规模大的、较难解决的问题变成规模小、易解决的同一问题,需要通过哪些步骤或等式来实现?这是解决递归问题的难点。

(2)确定边界(终了)条件。在什么情况下可以直接得出问题的解?这就是问题的边界条件及边界值。

1.辗转相除法

利用辗转相除法求两个数的最大公约数,就是采用递归算法的典型例子。

利用辗转相除法求两个数的最大公约数,就是用较大的数 M 除以较小的数 N,则较小的除数 N 和得出的余数 R 构成新的一对数,继而重复前面的除法(用较大的数除以较小的数),直到出现能够整除的两个数为止(即余数为 0 时),其中较小的数(即除数)就是两个数 M、N 的最大公约数。

例如,由于
$$153 = 123 \times 1 + 30,$$
$$123 = 30 \times 4 + 3,$$
$$30 = 3 \times 10,$$

所以 153 和 123 的最大公约数就是 3。

可以看出,在利用辗转相除法求最大公约数时,每次相除后的除数 N 和余数 R 都将原来的问题规模缩小,而且有一个边界条件(两数能够整除,即余数为 0)。有这两条,就可使用递归算法来解该问题,处理流程如图 8-1 所示。

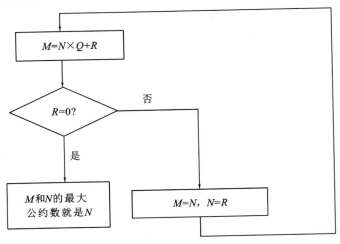

图 8-1　辗转相除法的流程图

根据图 8-1 所示的流程图,可编写出以下 C 语言的程序。

```c
# include<stdio.h>
int gcd(int m,int n)
{
    int r;
    r=m%n;
    if(r==0)
     {
        return n;
     }
    else
    {
        return  gcd(n,r);        //此处使用递归算法
    }
}
int main()
{
    int m,n,a;
    printf("请输入 2 个数:");
    scanf("%d,%d",&m,&n);
    if(m<n)    //在求最大公约数和最小公倍数时,把大数记为 m,小数记为 n
    {
        a=n;
        n=m;
        m=a;
    }
```

```
        printf("%d,%d的最大公约数为:%d\n", m, n,gcd(m,n));
        system("pause");
        return 0;
    }
```

在以上程序中,定义了一个 gcd()函数,在这个函数中调用 gcd()函数,这样就形成了递归调用。在这个函数内部通过辗转相除,然后判断余数是否为 0。如果为 0 就返回 n 值,否则递归调用 gcd()函数进行辗转相除。

2.用递归计算阶乘

求 n 的阶乘,就是从 1 逐项相乘到 n,这是一个循环结构,因此编写一个循环程序就可容易地求出 n 的阶乘。下面编写用递归方法求解 n! 的程序。

(1)利用 C 语言编写的程序如下:

```c
# include<stdio.h>
int fact(int n)
{
    if(n==0)                    //递归的结束条件
    {
        return 1;
    }
    else
    {
        return  n*fact(n-1);    //递归调用,计算阶乘
    }
}
int  main()
{
    int n;
    printf ("请输入要计算阶乘的整数:");
    scanf("%d",&n);
    printf("\n 阶乘的计算结果:%d! =%d\n",n,fact(n));
    getch();
    return  0;
}
```

(2)利用 Java 编写的程序如下:

```java
package cc;
import java.util.Scanner;
public class Bb {
    public static void main(String[] args) {
        System.out.printf("请输入一个整数:n=");
        Scanner sc =new Scanner(System.in);
        int n=sc.nextInt();
        long fac=digui(n);
        System.out.printf("用递归的方法得到的结果:\n%d! =%d",n,fac);
```

```
    }
    private static long digui(int n) {
        if(n ==1)
            return 1;
        else
            return n* digui(n-1);
    }
}
```

在 C 语言中阶乘的结果会呈几何级数增长,在 32 位计算机中,只能计算到 13 的阶乘,14 的阶乘结果就超出 32 位二进制的表示。即使是在 64 位字长的计算机中,能表示的数据大小也是有限的,只能保存 20 的阶乘。如果需要计算很大的数的阶乘,就不能用一般求阶乘的程序来进行处理了。下面提供另外一种相对简单的求大数阶乘的方法。

思路就是将多位数相乘化解为一位数相乘。例如,11 的阶乘为 39916800,若需要求 12 的阶乘,则需要将 39916800 与 12 相乘,按手工计算乘法的竖式方法,可用 2 与 39916800 相乘,再用 1 与 39916800 相乘,然后再将两次相乘得到的结果错位相加,得到 12 的阶乘,如图 8-2 左图所示。由于前一个数的阶乘的结果很大,按图 8-2 左图的方式计算也很容易导致数据溢出。根据乘法交换律,可以将图 8-2 左图所示算式转换为图 8-2 右图所示算式,这样,每次计算的结果就不容易出现数据溢出。

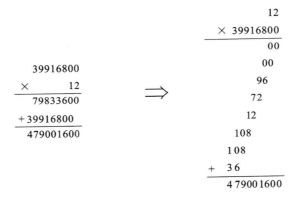

图 8-2　乘法的竖式

按照图 8-2 所示的思路,定义一个数组,让数组的每一个数组元素保存阶乘的一位结果(如图 8-2 右图中,11 的阶乘结果为 8 位,就用数组中的 8 个数组元素分别保存这 8 位)。当要计算 12 的阶乘时,可按以下步骤进行计算。

(1)用 12 去乘以数组中的每个元素,并将结果保存到原来的数组元素中。

(2)判断每个数组中的值是否大于 9,若大于 9 则进行进位操作。通过进位操作,使数组中每个元素保存的值都只有一位数。

具体操作过程如图 8-3 所示。

通过这种方式,就可以计算出计算机整型变量所能表示的数据的十分之一这么大的数的阶乘了(因为数组中保存的是 0~9 中的一位数,而为了使结果不超过整型变量表示范围,与数组中各元素相乘的数据只能是计算机整型变量所能表示数据的十分之一)。

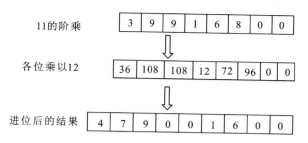

图 8-3 计算 12! 的过程

按照这种思路,编写能计算大整数阶乘的程序,具体的 C 语言代码如下:

```c
# include <stdio.h>        //该程序仅供参考
# include <math.h>
# include <stdlib.h>
void  carry(int bit[],int pos)
{                                //计算进位
    int  i,carray=0;
    for(i=0; i<=pos; i++)
    {                            //从 0~pos 逐位检查是否需要进位
        bit[i]+ =carray;         //累加进位
        if(bit[i]<=9)            //小于 9 不进位
            carray=0;
        else if(bit[i]>9 && i<pos)
        {                        //大于 9 但不是最高位
            carray=bit[i]/10;    //保存进位值
            bit[i]=bit[i]%10;    //得到该位的一位数
        }
        else if(bit[i]>9&& i>=pos)
        {                        //大于 9 且是最高位
            while(bit[i]>9)      //循环向前进位
            {
                carray =bit[i]/10;   //计算进位值
                bit[i]=bit[i]%10;    //当前的一位数
                i++;
                bit[i]=carray;       //在下一位保存进位的值
            }
        }
    }
}
int main()
{
    int num,pos,digit,i,j,m,n;
    double sum=0;
    int  * fact;                              //保存阶乘结果的数组
    ptint("输入计算其阶乘的数:num=");
```

```
scanf("%d",&num);
for(i=1; i<=num; i++)                              //计算阶乘的位数
    sum+=log10(i);
digit=(int)sum+1;          //阶乘结果的数据长度
if(!(fact=(int*)malloc((digit+1)*sizeof(int))))
{                                          //分配保存阶乘位数的内存
    printf("分配保存失败!\n");
    return  0;
}
for(i=0; i<=digit; i++)                     //初始化数组
    fact[i]=0;
fact[0]=1;                              //设个位为1
for(i=2; i<=num; i++)
{                                  //将2~num逐个与原来的积相乘
    for(i=digit; j>=0; j--)              //查找最高位
        if(fact[j]! =0)
        {
            pos=j;                     //记录最高位
            break;
        }
    for(j=0; j<=pos; j++)
        fact[j]*=i;                     //每一位与i相乘
    carray(fact,pos);                    //进位处理
}
for(j=digit; j>=0; j--)                     //查找最高位
    if(fact[j]!=0)
    {
        pos=j;                         //记录最高位
        break;
    }
m=0;                               //统计输出位数
n=0;                               //统计输出行数
ptintf("\n输出%d的阶乘结果(按任意键显示下一屏):\n",num);
m=2-pos%3;                           //按每3位分组,计算每一组
for(i=pos; i>=0; i--)
{                                  //输出计算结果
    printf("%d",fact[i]);
    m++;
    if(m%3==0);                      //每3个数字输出一个空格
    prinft("   ");
    if(40==m)
    {                              //每行输出40个数字
        printf("\n");
            m=0;
```

```
            n++;
            if(10==n)            //输出 10 行则暂停
        {
            getch();
            printf("\n");
            n=0;
        }
    }
}
printf("\n\n")
printf("%d 的阶乘共有%d 位.\n",num,pos+1);
getch();
return  0;
}
```

执行以上程序可以计算 100 的阶乘。

用递归处理问题的过程,就是将问题规模逐步缩小的过程。例如,在阶乘的递归运算中,就是将一个较大数的阶乘逐步缩小为一个较小数的阶乘,直到缩小到求 0 的阶乘为止。用递归求解最大公约数的方法也同样如此,利用辗转相除法,在递归调用过程中逐步将被除数、除数缩小。

因此,在解决问题时,如果可以明确地将求解问题规模逐步缩小,就可以考虑用递归算法来实现。利用递归算法编写的程序代码更简洁清晰,可读性更好。有的算法用递归表示比用循环表示简洁精练,而且某些问题,特别是与人工智能有关的问题,更适宜用递归方法,如八皇后问题、汉诺塔问题等。有的算法用递归能实现,而用循环却不一定能实现。

下面是求 40! 的程序。

```
# include <stdio.h> //C 语言程序
# define N 10000
int main()
{
    static long int r[N]={1};
    int i,j;
    int k=0,l=0;
    for(i=1;i<=40;i++)
    {
        for(j=0;j<=l;j++)
        {
            r[j]=r[j]*i+k;
            k=r[j]/10000;
            r[j]=r[j]%10000;
        }
        if(k)
        {
            l++;
            r[j]=k;
```

```
        k=0;
    }
  j=1;
  printf("%d!=%d",i,r[j--]);
  for( ;j>=0;j--)
  {
      printf("%04d",r[j]);
  }
  printf("\n");
}
return 0;
}
```

输出结果如图 8-4 所示。

图 8-4　求 40! 的输出结果

练　　习

1. 利用递归算法计算 $n!$，其中 n 通过键盘输入。
2. 利用递归算法编程解决第 9 章的例 4 和例 5 的问题。
3. 利用递归算法编程解决第 7 章的练习中第 5 题和第 6 题的问题。

第 9 章 经典算法

算法是在有限步骤内求解某一问题所使用的一组定义明确的规则,通俗来说,就是计算机解题的过程。在这个过程中,无论是形成解题思路还是编写程序,都是在实施某种算法。前者是推理实现的算法,后者是操作实现的算法。下面分别介绍在计算机领域用得较多的几种经典算法。

9.1 判断算法

所谓判断算法,就是通过"判断条件"对某个数据进行判断,满足条件的数据就是所要的数据。该方法主要用于判断某数据是否为符合某个条件的数据。

例 1 输入一个整数,判断它是否"既是 3 的倍数,也是 5 的倍数"。

编程思路:

(1)输入一个整数;

(2)判断它是否同时能被 3 和 5 整除。如果同时能被 3 和 5 整除,说明该数就是满足条件"既是 3 的倍数,也是 5 的倍数"的数,则输出字符串"整数 k 既是 3 的倍数,也是 5 的倍数.";否则输出"整数 k 不是满足条件的数."。

下面分别介绍用 C 语言、Java 语言、Python 语言编写解决问题的程序。

(1)用 C 语言编写的程序如下:

```c
# include<stdio.h>
main()
{
    int n;
    printf("请输入一个整数:\n n=");
    scanf("%d\n",&n);
    if(n%3==0&&n%5==0)
        printf("整数%d 既是 3 的倍数,也是 5 的倍数.",n);
    else
        printf("整数%d 不是满足条件的数.",n);
}
```

(2)用 Java 语言编写的程序如下:

```java
package cc;
import java.util.Scanner;
public class Bb {
    public static void main(String[] args) {
```

```
System.out.printf("请输入一个数字:\n");
Scanner sc =new Scanner(System.in);
int num=sc.nextInt();
if(num%3==0&&num%5==0)
    System.out.printf("整数%d既是 3 的倍数,也是 5 的倍数.",num);
else
    System.out.printf("整数%d不是满足条件的数.",num);
}
}
```

(3)用 Python 语言编写的程序如下:

```
userName=input("请输入一个数字:")
num=int(userName)
if(num%3==0&num%5==0):
    print("整数%d既是 3 的倍数,也是 5 的倍数."%num)
else:
    print("整数%d不是满足条件的数."%num)
```

9.2　穷　举　算　法

　　穷举算法,又称枚举法,是指对多种情况一一列举,从多种可能中找出符合条件的一个或一组解。当然也有可能得出无解的结论。

　　使用穷举算法时要注意的关键点:

　　(1)要列出所有的可能性,不能把包含可能解的情况漏掉;

　　(2)条件的设置要合理,有些条件是明显的,有些条件是隐含的;

　　(3)在保证不遗漏的前提条件下,尽可能缩小范围,以减少运算次数,提高运算速度。

　　例 2　使用穷举算法列出 $100 \sim 200$ 之间的所有素数。

　　根据穷举算法的思想,我们应该对 $100 \sim 200$ 之间的所有数进行一一判断,如果是素数,则打印输出。

　　素数的判断方法:对于某一个大于 1 的正整数,如果只能被 1 和它本身整除,不能被其他的正整数整除,则该数就是素数;如果除了能被 1 和它本身整除之外,还能被其他正整数整除,则该数不是素数,而是合数。

　　编程思路:

　　(1)将 100 赋给 n,作为 n 的初值。

　　(2)判断 n 是否为素数,如果是素数,则输出打印 n。

　　其中,如果正整数 n 是素数,则 n 除了 1 和它本身之外没有别的约数,即 n 不可能被 1 和 n 之外的其他正整数整除。也就是说,要判断整数 n 是否为素数,我们只要验证在 $2 \sim (n-1)$ 之间是否有正整数能整除 n 即可。如果在 $2 \sim (n-1)$ 内有某一个整数 k 能整除 n,即 k 是 n 的约数,说明整数 n 不是素数,不用输出打印,停止对该数的验证;如果在 $2 \sim (n-1)$ 内都没有正整数能整除 n,说明该整数 n 就是素数,则输出打印素数 n。

　　由于对于每一个整数 n,都需要在 $2 \sim (n-1)$ 之间的所有正整数中一个个去判断是否有能整除 n 的数,因此需要用到循环语句。

（3）给 n 自动加 1。

（4）如果满足条件 $n \leqslant 200$，则转到第（2）步继续找下一个素数，否则算法就结束。

下面分别介绍用 C 语言、Java 语言、Python 语言编写解决问题的程序。

（1）用 C 语言编写的程序如下：

```c
# include<stdio.h>
int main()
{
    int n,i,k=0;
    n=100;
    do
    {
        for(i=2;i<n;i++)
        {
            if(n%i==0)
                break;
        }
        if(i>=n)
        {
            k=k+1;
            printf("%d\t",n);        //n 是素数,则打印输出
        }
        n++;
    }while(n<=200);
    printf("\n100~200 之间素数的个数有:%d",k);
    return  0;
}
```

（2）用 Java 语言编写的程序如下：

```java
package cc;
public class Bb {
    public static void main(String[] args) {
        int n,i,k=0;
        n=100;
        do{
            for(i=2;i<n;i++)
            {
                if(n%i==0)
                    break;
            }
            if(i>=n)
            {
                k=k+1;
                System.out.print(n+ "  ");  //n 是素数,则打印输出
            }
```

```
            n++;
        }while(n<=200);
        System.out.printf("\n100~200之间素数的个数有:%d",k);
    }
}
```

计算机输出的结果如图 9-1 所示。

```
<terminated> qwe [Java Application] D:\jdk1.8\bin\javaw.exe (2020年9月29日 下午6:35:51)
101  103  107  109  113  127  131  137  139  149  151  157  163  167  173  179  181  191  193  197  199
100一200之间素数的个数有:21
```

图 9-1　例 2 计算的结果

(3)用 Python 语言编写的程序如下:

```
k=0;
n=100;
while n<=200:
    for i in range(2,n+1):
        if n%i==0:
            break
    ifi>=n:
        k=k+1
        print("%d\t"%n);        # n是素数,则打印输出
    n=n+1
print("\n100~200之间素数的个数有:%d"%k)
```

例 3　百鸡问题。用 100 元买 100 只鸡,公鸡 5 元 1 只,母鸡 3 元 1 只,小鸡 1 元 3 只。问各能买多少只? 要求编写程序统计并输出所有购买方案。

算法分析:

把公鸡、母鸡、小鸡只数分别设为未知数 cock、hen、chick,则这三个未知数满足如下关系:

$$cock+hen+chick=100 \quad,\quad 5cock+3hen+chick/3=100.$$

三种鸡数量的范围为 $0 \leqslant cock \leqslant 20$, $0 \leqslant hen \leqslant 33$, $0 \leqslant chick \leqslant 100$,并且 chick 必须是 3 的倍数。

我们把所有符合条件的情况一一列出,从多种可能中找出符合条件的一个或一组解。

编程思路:

(1)确定三个变量 cock、hen、chick 的取值范围。

(2)判定三个变量 cock、hen、chick 满足的条件,如果满足条件,则输出;如果不满足条件,则继续进行下一次的判断,故需要用到循环。

下面分别介绍用 C 语言、Java 语言、Python 语言编写解决问题的程序。

(1)用 C 语言编写的程序如下:

```
# include<stdio.h>
# include<stdlib.h>
int main()
{
    int cock,hen,chick,count=0;
    for(cock=0; cock<=100/5; cock++)
        for(hen=0; hen<=100/3; hen++)
```

```
            for(chick=0; chick<=100; chick=chick+3)
                if(cock+hen+chick==100 && 5*cock+3*hen+chick/3==100)
                {
            printf("公鸡:%d 只,母鸡:%d 只,小鸡:%d 只,为所求的答案。\n",cock,hen,chick);
                    count++;
                }
        printf("\n 共计有%d 种购买方案！\n",count);
        system("pause");
    }
```

也可以写成下面的程序：

```
    # include <stdio.h>
    # include <stdlib.h>
    int main()
    {
        int a,b,c;      //a,b,c 分别为公鸡、母鸡、小鸡的数量(均得到大致范围)
        int count=0;
        system("pause");
        for(a=0; a<=15; a++)
            for(b=0; b<=25; b++)
                for(c=66; c<=100; c+=3)
                    if(a+b+c==100&&5*a+ 3*b+c/3==100)
                    {
                printf("方案:公鸡%d 只,母鸡%d 只,小鸡%d 只,为买百鸡的答案。\n",a,b,c);
                        count++;
                    }
        printf("共有%d 种购买方案\n", count);
        system("pause");
        return 0;
    }
```

(2)用 Java 语言编写的程序如下：

```
    package cc;
    public class Bb {
        public static void main(String[] args) {
            int cock,hen,chick,count=0;
            for(cock=0; cock<=100/5; cock++)
                for(hen=0; hen<=100/3; hen++)
                    for(chick=0; chick<=100; chick=chick+3)
                        if(cock+hen+chick==100 && 5*cock+3*hen+chick/3==100)
                        {
                            System.out.printf("公鸡:%d 只,母鸡:%d 只,小鸡:%d 只,为所求的答案。
\n",cock,hen,chick);
                            count++;
                        }
            System.out.printf("\n 共计有%d 种购买方案！\n",count);
```

```
        }
    }
```

计算机输出的结果如图 9-2 所示。

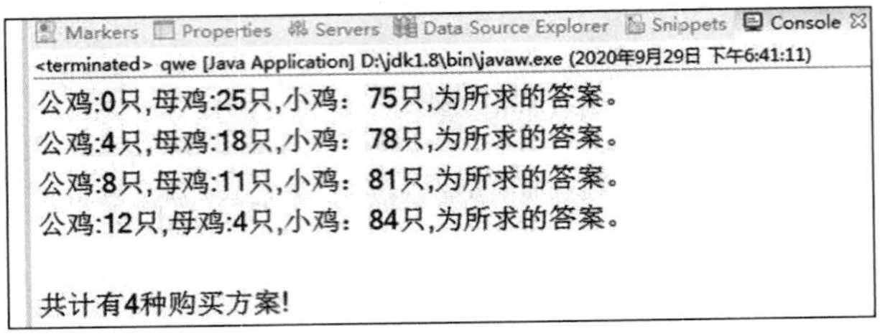

图 9-2　例 3 计算的结果

也可以写成下面的程序：

```
package cc;
public class Bb {
    public static void main(String[] args) {
        int a,b,c;
        int count=0;
        for(a=0; a<=15; a++)
          for(b=0; b<=25; b++)
            for(c=66; c<=100; c+=3)
                if(a+b+c==100&&5*a+3*b+c/3==100)
                {
                    System.out.printf("方案:公鸡%d只,母鸡%d只,小鸡%d只,为买百
鸡的答案。\n",a,b,c);
                    count++;
                }
            System.out.printf("共有%d种购买方案\n", count);
    }
}
```

（3）用 Python 语言编写的程序如下：

```
count=0
for a in range(0,21):
    for b in range(0,34):
        for c in range(0,100):
            if (a+b+c==100 and (5*a+3*b+c/3.0)==100):
                print("公鸡%d只,母鸡%d只,小鸡%d只。"%(a,b,c))
                count=count+ 1
print("共有%d种购买方案。\n"%count)
```

9.3　递 推 算 法

递推算法是一种简单的算法，即通过已知条件，利用特定关系得出中间结论，直到得到结果的算法。

递推算法分顺推法和逆推法两种。

所谓顺推法，是指从已知条件出发，根据问题的规律寻找递推关系式，逐步推算出要解决问题的方法。

所谓逆推法，是指从已知问题的结果出发，根据问题的规律寻找递推关系式，然后利用递推关系式逐步推算出问题的开始的条件，即顺推的逆过程。

下面分别介绍顺推法和逆推法。

9.3.1　顺推法

例 4　1202 年，意大利数学家斐波那契出版了他的《算盘全书》。他在书中提出了一个关于兔子繁殖的问题：如果一对成熟兔子每月能生一对小兔子（一雄一雌），而每对小兔子在它们出生后的第三个月里就开始能生一对小兔子（一雄一雌）。

假如在研究的时间段内兔子都不会死，且生育能力正常。如此下去，第 20 个月后会有多少对兔子？

算法分析：

在第一个月时，假设只有 1 对初生的兔子，兔子的总数量为 1 对。此时初生的兔子 1 对。

在第二个月时，只有原来的 1 对兔子，兔子的总数量为 1 对。由于在第一个月出生的 1 对兔子现在已不是初生的，此时不是初生的兔子 1 对，初生兔子 0 对。

在第三个月时，在第二个月已经不是初生的兔子生下 1 对小兔子，兔子的总数量为 2。此时不是初生的兔子 1 对，初生兔子 1 对（第三个月生的）。

在第四个月时，在第二个月（即原来的）已经不是初生的兔子生下 1 对小兔子，兔子的总数量为 3 对。由于在第三个月出生的兔子已经不是初生的，此时不是初生的兔子有 2 对（1 对是原来的，一对是第三个月生的），初生兔子 1 对（第四个月生的）。

在第五个月时，在第三个月时已经不是初生的和第三个月生的共 2 对兔子各生下 1 对小兔子，兔子的总数量为 5 对。由于在第四个月出生的兔子已经不是初生的，此时不是初生的兔子有 3 对（2 对是在第四个月时已经不是初生的，一对是第四个月生的），初生兔子 2 对（第五个月生的）。

在第六个月时，在第四个月时已经不是初生的和第四个月生的共 3 对兔子各生下一对小兔子，兔子的总数量为 8 对。由于在第五个月出生的兔子已经不是初生的，此时不是初生的兔子有 5 对（3 对是在第五个月时已经不是初生的，2 对是第五个月生的），初生兔子 3 对（第六个月生的）。

在第七个月时，在第五个月已经不是初生的和第五个月生的 5 对兔子各生下一对小兔子，兔子的总数量为 13 对。由于在第六个月出生的兔子已经不是初生的，此时不是初生的兔子有 8 对（5 对是在第六个月时已经不是初生的，3 对是第六个月生的），初生兔子 5 对（第七个月生的）。

…………

按上述的规律分析，兔子的数量如表 9-1 所示。

表 9-1　兔子的数量

第 i 个月	不是初生的兔子数	初生的兔子数	兔 子 总 数
1	0	1	1
2	1	0	1
3	1	1	2
4	2	1	3
5	3	2	5
6	5	3	8
7	8	5	13
8	13	8	21
…	…	…	…

由表 9-1 的分析可知:如果把第 n 个月的兔子总数记为 $f(n)$,则 $f(n)$ 与第 $n-1$ 个月的兔子总数 $f(n-1)$、第 $n-2$ 个月的兔子总数 $f(n-2)$ 有如下关系:

第 n 个月的兔子总数＝第 n 个月已经不是初生的兔子数＋第 n 个月新生的兔子数,也可表示为:

第 n 个月的兔子总数＝第 $n-2$ 个月的兔子总数＋第 $n-1$ 个月的兔子总数,

即
$$f(n)=f(n-2)+f(n-1).$$

由于前后相邻的三个月兔子总数的关系式为 $f(n)=f(n-2)+f(n-1)(n\geqslant3)$,则要知道第 n 个月的兔子总数,必须由前两个月的兔子总数来计算。因此,编程思想如下:

①已知第 1 个月兔子总数 $f(1)=1$,第 2 个月兔子总数 $f(2)=1$。

②根据前两个月的兔子总数,可以算出后一个月的兔子总数,即它们的关系式为
$$f(n)=f(n-2)+f(n-1)\ (n\geqslant3).$$

由于 n 可以取大于或等于 3 的任意整数,故要想计算机得到某个月的兔子总数,必须先由第 1、2 个月的兔子总数计算得到第 3 个月的兔子总数,然后由第 2、3 个月的兔子总数可以计算第 4 个月的兔子总数……因此,应该用循环语句,循环表达式就是 $f(n)=f(n-2)+f(n-1)$,直到得到要计算时间的兔子数为止。

下面分别介绍用 C 语言、Java 语言、Python 语言编写解决问题的程序。

(1)用 C 语言编写的程序。

①用数组方法编写的程序如下:

```
# include<stdio.h>
main()
{
    int i,n;
    printf("请输入月份数量:");
    scanf("%d",&n);
    int f[n+1];
    f[0]=0;
```

```c
        f[1]=1;
        f[2]=1;
        printf("第 1 个月的兔子数 f[1]=%d\n",f[1]);
        printf("第 2 个月的兔子数 f[2]=%d\n",f[2]);
        for(i=3;i<=n;i++)
        {
            f[i]=f[i-1]+f[i-2];
            printf("第%d 个月的兔子数 f[%d]=%d\n",i,i,f[i]);
        }
    }
```

②用一般方法编写的程序如下：

```c
# include<stdio.h>
main()
{
    int i,n;
    printf("请输入月份数量:");
    scanf("%d",&n);
    int flast=1,fthis=1,fnext;
    printf("第 1 个月的兔子数=%d\n 第 2 个月的兔子数=%d\n",flast,fthis);
    for(i=3;i<=n;i++)
    {
        fnext=flast+fthis;
        flast=fthis;
        fthis=fnext;
        printf("第%d 个月的兔子数=%d\n",i,fnext);
    }
}
```

（2）用 Java 语言编写的程序。

①用数组方法编写的程序如下：

```java
package cc;
import java.util.Scanner;
public class Bb {
    public static void main(String[] args) {
        System.out.printf("请输入一个月份:");
        Scanner sc =new Scanner(System.in);
        int i,n=sc.nextInt();
        int[] f=new int[n+1];
        f[0]=0;
        f[1]=1;
        f[2]=1;
        System.out.printf("第 1 个月的兔子数=%d\n",f[1]);
        System.out.printf("第 2 个月的兔子数=%d\n",f[2]);
        for(i=3;i<=n;i++)
        {
```

```
            f[i]=f[i-1]+f[i-2];
            System.out.printf("第%d个月的兔子数 f[%d]=%d\n",i,i,f[i]);
        }
    }
}
```

②用一般方法编写的程序如下：

```
package cc;
import java.util.Scanner;
public class Bb {
    public static void main(String[] args) {
        System.out.printf("请输入一个月份:");
        Scanner sc =new Scanner(System.in);
        int i,n=sc.nextInt();
        int flast=1,fthis=1,fnext;
        System.out.printf("第 1 个月的兔子数=%d\n", flast);
        System.out.printf("第 2 个月的兔子数=%d\n", fthis);
        for(i=3;i<=n;i++)
        {
            fnext=flast+fthis;
            flast=fthis;
            fthis=fnext;
            System.out.printf("第%d个月的兔子数=%d\n",i,fnext);
        }
    }
}
```

（3）用 Python 语言编写的程序：

```
userName=input("请输入月份数量:")
n=int(userName)
flast=1
fthis=1
print("第 1 个月的兔子数=%d\n 第 2 个月的兔子数=%d"%(flast,fthis))
fori in range(3,n+1):
        fnext=flast+fthis
        flast=fthis
        fthis=fnext
        print("第%d个月的兔子数=%d" %(i,fnext))
```

计算结果：第 20 个月的兔子总数为 6765。

9.3.2　逆推法

例 5　猴子第一天摘下若干个桃子，当即吃了一半，还不过瘾就多吃了一个；第二天又将剩下的桃子吃了一半，还是不过瘾就多吃了一个。以后每天都吃了前一天剩下的一半再加一个……到了第 10 天刚好剩下一个。问猴子在第一天摘了多少个桃子？

分析思路：

记第 n 天剩下的桃子数为 $f(n)$，第 $n-1$ 天剩下的桃子数为 $f(n-1)$，据题意有

$$f(n-1)-\left[\frac{f(n-1)}{2}+1\right]=f(n),$$

即有

$$f(n-1)=2\left[f(n)+1\right].$$

根据题意知，第 10 天刚好剩下一个，即 $f(10)=1$，求猴子在第 1 天摘的桃子 $f(1)$。由于第一天的桃子数未知，故只能采用从后往前推的逆推法。

下面分别介绍用 C 语言、Java 语言、Python 语言编写的程序。

(1)用 C 语言编写的程序。

①用数组方法编写的程序如下：

```c
# include<stdio.h>
main()
{
    int i,n=10;
    int f[11];
    f[10]=1;
    printf("第 10 天的桃子数为 f[10]=%d\n",f[10]);
    for(i=10;i>=1;i--)
    {
        f[i-1]=2*(f[i]+1);
        printf("第%d 天的桃子数为 f[%d]=%d\n",i,i,f[i]);
    }
}
```

②用一般方法编写的程序如下：

```c
# include<stdio.h>
main()
{
    int peach=1,day=10;
    while(day>1)
    {
        peach=2*(peach+1);
        day--;
    }
    printf("第 1 天的桃子数为%d 个。\n",peach);
}
```

③用 for 循环语句编写的程序如下：

```c
# include<stdio.h>
main()
{
    int peach=1,day=10;
    for(day=10; day>1; day--)
        peach=2*(peach+1);
    printf("第 1 天的桃子数为%d 个。\n",peach);
}
```

（2）用 Java 语言编写的程序如下：

```java
package cc;
public class Bb {
    public static void main(String[] args) {
        int i,n=10;
        int[] f=new int[11];
        f[10]=1;
        for(i=10;i>=1;i--)
        {
            f[i-1]=2*(f[i]+1);
            System.out.printf("第%d天的桃子数为 f[%d]=%d\n",i,i,f[i]);
        }
    }
}
```

计算结果如图 9-3 所示。

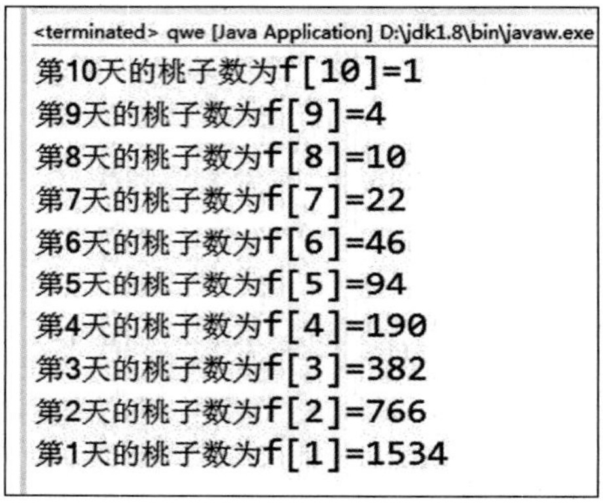

```
<terminated> qwe [Java Application] D:\jdk1.8\bin\javaw.exe
第10天的桃子数为f[10]=1
第9天的桃子数为f[9]=4
第8天的桃子数为f[8]=10
第7天的桃子数为f[7]=22
第6天的桃子数为f[6]=46
第5天的桃子数为f[5]=94
第4天的桃子数为f[4]=190
第3天的桃子数为f[3]=382
第2天的桃子数为f[2]=766
第1天的桃子数为f[1]=1534
```

图 9-3　例 5 计算的结果

（3）用 Python 语言编写的程序如下：

```python
peach=1
day=10
print("第 10 天的桃子数为%d 个。"%peach)
for day in [9,8,7,6,5,4,3,2,1]:
    peach=2*(peach+1)
    print("第%d 天的桃子数为%d 个。"%(day,peach))
print("桃子一共有%d 个。" %peach)
```

9.4　递 归 算 法

递归算法就是把问题转化为规模缩小的同类问题的子问题，然后递归调用函数（或过程）来表示问题的解。递归过程一般是通过函数或子过程来实现的。所谓递归方法是指在函数或子过程的内部，直接或间接地调用自身的算法。

递归算法解决问题的特点：

(1)递归就是在过程或函数里调用自身。

(2)在使用递归策略时,必须有一个明确的递归结束条件,称为递归出口。

(3)利用递归算法解题通常显得很简洁,但递归算法解题的运行效率较低,所以一般不提倡用递归算法设计程序。

(4)在递归调用的过程当中,系统为每一层的返回点、局部变量等开辟了栈来存储。递归次数过多容易造成栈溢出等,所以一般不提倡用递归算法设计程序。

递归算法所体现的"重复"一般有以下三个要求:

(1)每次调用在规模上都有所缩小(通常是减半);

(2)相邻两次重复之间有紧密的联系,前一次要为后一次做准备(通常前一次的输出就作后一次的输入);

(3)在问题的规模极小时必须直接给出答案而不再进行递归调用,因此每次递归调用都是有条件的(以规模未达到直接解答的大小为条件)。无条件递归调用将会成为死循环而不能正常结束。

下面通过递归算法的例子来介绍递归的思想。

例6 用递归算法计算 $n!$。

算法分析:

记 $$f(n)=n!=1\times2\times3\times4\times\cdots\times(n-1)\times n,$$

则 $$f(n-1)=(n-1)!=1\times2\times3\times4\times\cdots\times(n-1),$$

因此有 $$f(n)=1\times2\times3\times4\times\cdots\times(n-1)\times n=f(n-1)\times n.$$

要计算 $f(n)$,只要先计算 $f(1)$,由 $f(1)$ 计算 $f(2)$,再由 $f(2)$ 计算 $f(3)$,$\cdots$,由 $f(n-1)$ 可计算 $f(n)$,即 $f(n)=f(n-1)\times n$,可以用递归算法,也可以直接用循环语句。

下面分别介绍用 C 语言、Java 语言和 Python 语言编写解决问题的程序。

(1)用 C 语言编写的程序。

①采用递归的方法:

```
# include <stdio.h>
int f(n)
{
    if(n! =0)
        return   f(n-1)*n;
    else
        return 1;
}
int main()
{
    int n;
    scanf("%d",&n);
    printf("%d! =%d\n",n,f(n));
}
```

②利用数组的方法:

```
# include <stdio.h>
main()
```

```
{
    int i, n, f[100];
    f[0] =1;
    printf("请输入一个整数");
    scanf("%d", &n);
    for(i=1; i<=n; i++)
    {
        f[i]=f[i-1]*i;
    }
    printf("%d! =%d", n,f[n]);
    return 0;
}
```

（2）用 Java 语言编写的程序。

①用一般方法：

```
package cc;
import java.util.Scanner;
public class Bb {
    public static void main(String[] args) {
        System.out.printf("请输入一个整数:n=");
        Scanner sc =new Scanner(System.in);
        int n=sc.nextInt();
        long fac1 =digui(n);
        long fac2 =nonDigui(n);
        System.out.printf("用循环的方法得到的结果:\n%d! =%d\n", n,fac1);
        System.out.printf("用递归的方法得到的结果:\n%d! =%d", n,fac2);
    }
    //循环方法
    private static long nonDigui(int n) {
        long fac =1L;
        for(int i=1; i<=n ;i++){
            fac =fac *i;
        }
        return fac;
    }
    //递归方法
    private static long digui(int n) {
        if(n ==1)
            return 1;
        else
            return n *digui(n-1);
    }
}
```

②利用数组方法：

```
package cc;
```

```java
import java.util.Scanner;
public class Bb {
    public static void main(String[] args) {
        System.out.printf("请输入一个整数:n=");
        Scanner sc =new Scanner(System.in);
        int i,n=sc.nextInt();
        int[] f=new int[n+ 1];
        f[0] =1;
        for(i=1; i<=n; i++)
            f[i] =f[i-1] *i;
        System.out.printf("%d! =%d", n,f[n]);
    }
}
```

计算机输出的结果如图 9-4 所示。

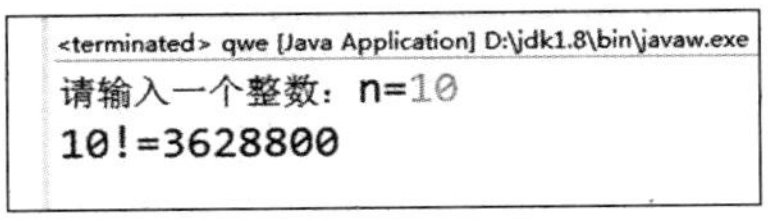

<terminated> qwe [Java Application] D:\jdk1.8\bin\javaw.exe
请输入一个整数: n=10
10!=3628800

图 9-4　例 6 计算的结果

(3)用 Python 语言编写的程序如下:

```python
userName=input("请输入一个整数:")
n=int(userName)
s=1
fori in range(1,n+1):
    s=s*i
print("%d! =%d"%(n,s))
```

练　　习

编程求解下列各题。

1.随便输入一个数,判断它是否既是 6 的倍数,也是 19 的倍数;然后再求在 100~1000 以内的所有满足条件的数,并输出。

2.分鱼问题:A、B、C、D、E 这 5 个人在某天晚上合伙去捕鱼,到了第二天凌晨时都疲惫不堪,于是各自找地方睡觉。第二天,A 第一个醒来,他将鱼分成 5 份,将多余的一条鱼扔掉,拿走自己的一份。B 第二个醒来,他也将鱼分成 5 份,将多余的一条鱼扔掉,拿走自己的一份。C、D、E 依次醒来,也按同样的方法拿鱼。问他们合伙至少捕了多少条鱼?

3.一个箱子中有若干个玩具,每次拿出其中的一半再放回去一个玩具,这样共拿了 5 次后,箱子里还有 5 个玩具。问箱子里原有多少个玩具?

4.一个车间计划用 5 天完成加工一批零件的任务。第一天加工了这批零件的 $\frac{1}{5}$ 多 120 个,第二天加工了剩下的 $\frac{1}{4}$ 少 150 个,第三天加工了剩下的 $\frac{1}{3}$ 多 80 个,第四天加工了剩下的 $\frac{1}{2}$

少 20 个,第五天加工了最后的 1800 个。问该批零件总数有多少个?

5. 鸡兔同笼,共有头 48 个,脚 132 只,求鸡和兔各有多少只?

6. 小明用 10 元钱正好买了 20 分和 50 分的邮票共 35 张,求这两种邮票各买了多少张?

7. 松鼠妈妈采松籽,晴天每天可以采 20 个,雨天每天只能采 12 个。它一连 8 天共采了 112 个松籽,这八天中有几天晴天、几天雨天?

8. 某校有一批同学参加数学竞赛,平均得 63 分,总分是 3150 分。其中男生平均得 60 分,女生平均得 70 分。求参加竞赛的男、女各有多少人?

9. 个体户小王承接了建筑公司的一项运输 1200 块玻璃的业务,并签定了合同。合同上规定:每块玻璃运费 2 元,如果在运输过程中有损坏,每损坏一块,除了要扣除一块玻璃的运费外,还要赔 25 元。小王把 1200 块玻璃运送到指定地点后,建筑公司按合同付给他 2076 元。问:小王在运输过程中损坏了多少块玻璃?

10. 小刚的储蓄罐里有 2 分和 5 分硬币共 70 枚,小刚数了一下,一共有 194 分,求两种硬币各有多少枚?

11. 某学校从四、五、六年级挑选学生组织足球队和拉拉队。四年级每个班推荐 8 名足球运动员,五年级每个班推荐 6 名足球运动员和 2 名拉拉队员,六年级每个班推荐 6 名足球运动员和 1 名拉拉队员。结果三个年级共 18 个班,共推荐了 118 名足球运动员、20 名拉拉队员。问四、五、六年级各有多少个班?

12. 三年级二班 45 个同学向爱心基金会共计捐款 100 元,其中 11 个同学每人捐 1 元,其他同学每人捐 2 元或 5 元,求捐 2 元和 5 元的同学各有多少人?

13. 假设银行一年整存零取的月息为 0.63%。现在某人手中有一笔钱,他打算在今后的 5 年中每年的年底取出 1000 元,到第五年时刚好取完。问他存钱时应存入多少钱?

14. 吉普车穿越沙漠问题。一辆吉普车来到 1000 km 宽的沙漠边沿。吉普车的耗油量为 1 L/km,总装油量为 500 L。显然,吉普车必须用自身油箱中的油在沙漠中设几个临时加油点,否则是通不过沙漠的。假设在沙漠边沿有充足的汽油可供使用,那么吉普车应在哪些地方、建多大的临时加油点,才能以最少的油耗穿过这块沙漠?

15. 通过编程求 10000 以内满足条件的所有正整数。满足的条件是:该正整数等于其各位数字的立方和,如 $407=4^3+0^3+7^3$ 就是满足条件的一个正整数。

16. 某同学甲上 4 年大学,假设银行的年利率为 0.021,甲每月从银行卡中取出 1000 元作为生活费,那么求解最开始存入银行卡的钱为多少?

17. 植树节那天,有 7 位同学参加了植树活动,他们完成植树的棵数都不相同。当问第一位同学植了多少棵树时,他指着旁边的第二位同学说比他多植了 4 棵;追问第二位同学他又说比第三位同学多植了 4 棵,如此追问,前一位同学都说比后一位同学多植 4 棵。最后问到第五位同学时,他说自己种了 15 棵,问第一位同学植了多少棵?

18. 设有 n 条封闭曲线画在平面上,而任何两条封闭曲线恰好相交于两点,且任何三条封闭曲线不相交于同一点,问当 $n=20$ 时这些封闭曲线把平面分割成的区域个数是多少?

19. 完美立方:形如 $a^3=b^3+c^3+d^3$ 的等式被称为完美立方等式。例如 $12^3=6^3+8^3+10^3$。对于任意给定的正整数 $n(n\leqslant100)$,要求寻找所有的四元组 (a,b,c,d),使得 $a^3=b^3+c^3+d^3$,其中 $1<a,b,c,d<n$,且 $b\leqslant c\leqslant d$。

20. 如何找到一个五位的整数 ABCDE(其中:A、B、C、D、E 分别为万位、千位、百位、十位、个位,A 不为 0)乘以 A,得到结果为 EEEEE?

第 10 章　排　序　方　法

所谓排序,就是使一串记录按照其中的某个或某些关键字的大小,递增或递减排列起来的操作。排序算法,就是如何使记录按照要求排列的方法。排序算法在很多领域都得到了重视,尤其是在大量数据的处理方面,一个优秀的算法可以节省大量的资源。在各个领域中考虑到数据的各种限制和规范,要得到一个符合实际的优秀算法,得经过大量的推理和分析。下面介绍比较经典的三种排序方法。

10.1　冒泡排序法

冒泡排序法的基本思想:

假如有 n 个数,需要做 $n-1$ 轮比较。其中比较的原则是:每次都拿相邻的两个数相比较,然后把这两个数中的小数放在前面,大数放在后面。

具体的排序步骤如下:

第 1 轮:拿第 1 个数与第 2 个数相比较,把小数放在前面,大数放在后面。如果第 1 个数 $<$ 第 2 个数,则这两个数的位置不变;否则交换这两个数的位置。然后拿第 2 个数与第 3 个数相比较,把小数放在前面,大数放在后面……最后拿第 $n-1$ 个数与第 n 个数相比较,把小数放在前面,大数放在后面。第 1 轮比较结束后,n 个数中最大的数则排在最后(即第 n 个)的位置上。

第 2 轮:拿第 1 个数与第 2 个数相比较,把小数放在前面,大数放在后面。然后第 2 个数与第 3 个数相比较,把小数放在前面,大数放在后面……最后拿第 $n-2$ 个数与第 $n-1$ 个数相比较,把小数放在前面,大数放在后面。第 2 轮比较结束后,n 个数中第二个最大的数则排在倒数第二个(即第 $n-1$ 个)位置上。

第 3 轮:拿第 1 个数与第 2 个数相比较,把小数放在前面,大数放在后面。然后第 2 个数与第 3 个数相比较,把小数放在前面,大数放在后面……最后拿第 $n-3$ 个数与第 $n-2$ 个数相比较,把小数放在前面,大数放在后面。第 3 轮比较结束后,n 个数中第三个最大的数则排在倒数第三个(即第 $n-2$ 个)位置上。

…………

第 $n-2$ 轮:拿第 1 个数与第 2 个数相比较,把小数放在前面,大数放在后面。然后拿第 2 个数与第 3 个数相比较,把小数放在前面,大数放在后面。第 $n-2$ 轮比较结束后,n 个数中第 $n-2$ 个最大的数则排在倒数第 $n-2$ 个(即第 3 个)位置上。

第 $n-1$ 轮:拿第 1 个数与第 2 个数相比较,把小数放在前面,大数放在后面。第 $n-1$ 轮比较结束后,n 个数中第 $n-1$ 个最大的数则排在倒数第 $n-1$ 个(即第 2 个)位置上。

经过 $n-1$ 轮比较后,这 n 个数按从小到大的顺序进行排列。下面是对随机输入的 10 个整数利用冒泡排序法进行排序的例子,我们分别用 C 语言、Java 语言、Python 语言编写解决问题的程序。

(1)用 C 语言编写的程序如下:

```c
# include<stdio.h>
main()
{
    int a[10];
    int i,j,k;
    printf("请输入 10 个数,用空格隔开!! \n");
    for(i=0;i<10;i++)
        scanf("%d",&a[i]);        //输入 10 个数,存在数组中
    for(i=0;i<9;i++)    //控制排序的轮数,即 n-1 轮
      for(j=0;j<9-i;j++) //控制每轮排序需要比较的次数
        if(a[j]>a[j+1])
        {
            k=a[j];
            a[j]=a[j+1];
            a[j+1]=k;
        }
    printf("利用冒泡排序法由小到大排序后:\n");
    for(i=0;i<10;i++)
    printf("%d      ",a[i]);
        //输出排序后的结果,每个结果之间用空格隔开,排成一行
    printf("\n");
}
```

(2)用 Java 语言编写的程序如下:

```java
package cc;
import java.util.Scanner;
public class Bb {
    public static void main(String[] args) {
        System.out.printf("请输入一个整数:n=");
        Scanner sc =new Scanner(System.in);
        int n=sc.nextInt();
        int[] a=new int[n];
        int i,j,k;
        System.out.printf("请输入%d 个数,用空格隔开!! \n",n);
        for(i=0;i<n;i++)
            a[i]=sc.nextInt();             //输入 n 个数,存在数组中
        for(i=0;i<n-1;i++)             //控制排序的轮数,即 n-1 轮
            for(j=0;j<n-1-i;j++)           //控制每轮排序需要比较的次数
                if(a[j]>a[j+1])
                {
                    k=a[j];
```

```
                    a[j]=a[j+1];
                    a[j+1]=k;
                }
        System.out.printf("利用冒泡排序法由小到大排序后:\n");
        for(i=0;i<n;i++)
            System.out.printf("%d   ",a[i]);
        //输出排序后的结果,每个结果之间用空格隔开,排成一行
        System.out.printf("\n");
    }
}
```

（3）用 Python 语言编写的程序如下：

```
print("请输入一个列表的数据:")
a=list(map(int,input().split()))    # 将 map 返回的对象转为数值列表 list
n=len(a)
for i in range(0,n-1):
    for j in range(0,n-i-1):
        if(a[j]>a[j+1]):
            k=a[j]
            a[j]=a[j+1]
            a[j+1]=k
print("利用冒泡排序法由小到大排序后:")
for i in range(0,n):
    print("%d"%a[i],end=' ')
```

上述程序中用到的两个函数：

（1）split()函数将输入的数据根据空格转换为字符串的列表；

（2）map()函数将字符串列表中的每个字符串"1"转化为 int 整型数值 1，其他的字符串"数字"转化为 int 整型数值"数字"。

计算结果如图 10-1 所示。

```
D:\anaconda3\python.exe C:/Users/Administrat
请输入一个列表的数据:
43 54 59 84 92 49 654 -548 57 93 328
利用冒泡排序法由小到大排序后:
-548 43 49 54 57 59 84 92 93 328 654
Process finished with exit code 0
```

图 10-1　计算的结果（冒泡排序法）

10. 2　选择排序法

选择排序法的基本思想：

假如有 n 个数，需要做 $n-1$ 轮比较。其中比较的原则是：从第 1 个数开始，每次拿其中第 i 个数与其余的所有数进行比较。如果第 i 个数都比其他所有的数小，则第 i 个数是最小的，其位置不变；如果第 i 个数没有比其他所有的数小，则找出最小数的位置，将最小的数与第 i 个数交换位置，其他数的位置不变。每轮排序结束，使第 i 个最小的数排在第 i 个位置上。

　　具体的排序步骤如下：

　　第 1 轮：拿第 1 个数与其余的 $n-1$ 个数相比较，把最小数放在第 1 个位置上。如果第 1 个数都比其他 $n-1$ 个数小，则第 1 个数就是最小的，所有数的位置不变；否则把最小的数找出，将它与第 1 个数交换位置，其他数的位置不变。第 1 轮比较结束后，最小的数则排在第 1 个位置上。

　　第 2 轮：拿第 2 个数与其余的 $n-2$ 个数相比较，把最小数放在第 2 个位置上。如果第 2 个数都比其他 $n-2$ 个数小，则第 2 个数就是最小的，所有数的位置不变；否则把最小的数找出，将它与第 2 个数交换位置，其他数的位置不变。第 2 轮比较结束后，第 2 个最小的数已经排在第 2 个位置上。

　　第 3 轮：拿第 3 个数与其余的 $n-3$ 个数相比较，把最小数放在第 3 个位置上。如果第 3 个数都比其他 $n-3$ 个数小，则第 3 个数就是最小的，所有数的位置不变；否则把最小的数找出，将它与第 3 个数交换位置，其他数的位置不变。第 3 轮比较结束后，第 3 个最小的数已经排在第 3 个位置上。

　　············

　　第 $n-2$ 轮：拿第 $n-2$ 个数与其余的 2 个数相比较，把最小数放在第 $n-2$ 个位置上。如果第 $n-2$ 个数都比其他 2 个数小，则第 $n-2$ 个数就是最小的，所有数的位置不变；否则把最小的数找出，将它与第 $n-2$ 个数交换位置，其他数的位置不变。第 $n-2$ 轮比较结束后，第 $n-2$ 个最小的数已经排在第 $n-2$ 个位置上。

　　第 $n-1$ 轮：拿第 $n-1$ 个数与其余的 1 个数（即第 n 个数）相比较，把最小数放在第 $n-1$ 个位置上。如果第 $n-1$ 个数比第 n 个数小，则第 $n-1$ 个数就是最小的，所有数的位置不变；否则将第 $n-1$ 个数与第 n 个数交换位置。第 $n-1$ 轮比较结束后，第 $n-1$ 个最小的数已经排在第 $n-1$ 个位置上。此时，n 个数中最大的数就是排在最后一个位置上的数。

　　经过 $n-1$ 轮比较，这 n 个数按从小到大的顺序进行排列。下面是对随机输入的 10 个整数利用选择排序法进行排序的例子，我们分别用 C 语言、Java 语言和 Python 语言编写解决问题的程序。

　　（1）用 C 语言编写的程序如下：

　　①方法一的程序代码：

```c
# include<stdio.h>
main()
{
    int a[10];
    int i,j,k,m;
    printf("请输入 10 个数字,数字间用空格隔开!! \n");
    for(i=0;i<10;i++)
        scanf("%d   ",&a[i]);
    for(i=0;i<9;i++)
    {
        k=i;
        for(j=i+1;j<10;j++)
            if(a[k]>a[j])
                k=j;    //每次比较把较小值的下标记为 k,先不交换数据
```

```
                if(k!=i)
                {
                    m=a[i];
                    a[i]=a[k];
                    a[k]=m;
                }
        }
        printf("利用选择排序法由小到大排序的结果为:\n");
        for(i=0;i<10;i++)
        printf("%d    ",a[i]);
        printf("\n");
    }
```

②方法二的程序代码:

```
    # include<stdio.h>
    # include<stdlib.h>
        //参数 a 为需要排序的数组,参数 n 是需要排序的元素个数
    void selectsort(int a[  ],int n)
    {
        int i,j;
        int temp=0,flag=0;
        for(i=0;i<n-1;i++)
        {
            temp=a[i];
            flag=i;//temp 表示比较的第一个数,flag 是第一个数的下标
            for(j=i+1;j<n;j++)
            {
                if(a[j]<temp)
                {
                    temp=a[j];    //把该轮比较的较小者赋给第一个数
                    flag=j;        //把该次比较的较小数的下标记为 flag
                }
            }
            if(flag!=i)
            {
                temp=a[flag];
                a[flag]=a[i];
                a[i]=temp;
            }
        }
    }
    main()
    {
        void selectsort(int a[  ],int  n);
        int i=0;
```

```
        int a[10];
        printf("请输入 10 个整数:\n");
        for(i=0;i<10;i=i+1)
            scanf("%d",&a[i]);
        selectsort(a,10);
        printf("利用选择排序法由小到大排序的结果为:\n");
        for(i=0;i<10;i++)
            printf("%d    ",a[i]);
    }
```

③方法三的程序代码:

```
    # include<stdio.h>
    # include<stdlib.h>
    void selectsort(int   *a,int n)
    {
        int i,j;
        int temp=0,flag=0;
        for(i=0;i<n-1;i++)
        {
            temp=a[i];
            flag=i;
            for(j=i+1;j<n;j++)
            {
            if(a[j]<temp)
            {
                temp=a[j];
                flag=j;    //把该次比较的较小数的下标记为 flag
            }
            }
            if(flag!=i)
            {
                temp=a[flag];
                a[flag]=a[i];
                a[i]=temp;
            }
        }
    }
    main()
    {
        void selectsort(int *a,int n);
        int i=0;
        int a[10];
        printf("请输入 10 个整数:\n");
        for(i=0;i<10;i=i+1)
            scanf("%d",&a[i]);
```

```
        selectsort(a,10);
        printf("利用选择排序法由小到大排序的结果为:\n");
        for(i=0;i<10;i++)
            printf("%d    ",a[i]);
    }
```

（2）用 Java 语言编写的程序如下：

```
    package cc;
    import java.util.Scanner;
    public class Bb {
        public static void main(String[] args) {
            System.out.printf("请输入一个整数:n=");
            Scanner sc =new Scanner(System.in);
            int n=sc.nextInt();
            int[] a=new int[n];
            int i,j,k,m;
            System.out.printf("请输入%d个数,用空格隔开!! \n",n);
            for(i=0;i<n;i++)
                a[i]=sc.nextInt();            //输入 n 个数,存在数组中
            for(i=0;i<n-1;i++){
                k=i;
                for(j=i+1;j<n;j++)
                    if(a[k]>a[j])
                    k=j;
                if(k!=i) {
                    m=a[i];
                    a[i]=a[k];
                    a[k]=m;
                }
            }
            System.out.printf("利用选择排序法由小到大排序后:\n");
            for(i=0;i<n;i++)
                System.out.printf("%d    ",a[i]);
            System.out.printf("\n");
        }
    }
```

（3）用 Python 语言编写的程序如下：

```
    print("请输入一个列表的数据:")
    a=list(map(int,input().split()))
    n=len(a)
    for i in range(0,n-1):
        k=i
        for j in range(i+1,n):
            if(a[k]>a[j]):
                k=j
```

```
        if(k!=i):
              m=a[i]
              a[i]=a[k]
              a[k]=m
    print("由选择排序法由小到大排序的结果为:")
    for i in range(0,n):
        print("%d"%a[i],end=' ')
```

计算结果如图 10-2 所示。

```
D:\anaconda3\python.exe C:/Users/Administrator/Pycharm
请输入一个列表的数据:
548 91 726 -43 657 9346 7257 437 846 -4577 854673
由选择排序法由小到大排序的结果为:
-4577 -43 91 437 548 657 726 846 7257 9346 854673
Process finished with exit code 0
```

图 10-2　计算结果(选择排序法)

10.3　插入排序法

假设有 n 个数组成的序列,现在需要把它们按从小到大的顺序进行排序。

插入排序法的基本思想:

首先将需要排序的 n 数据分为有序序列和无序序列,依次从无序序列中取出一个数插到有序序列的"合适"位置,直到无序序列中没有数为止。初始时我们认为有序序列中只有一个数,其余 $n-1$ 个数组成无序序列。

由于需要将无序序列中的数一个个地插到有序序列当中,而且每次只能插入一个数,所以对于有 n 个数的序列需要插入 $n-1$ 次。为了寻找在有序序列中的插入位置,可以从有序序列的最后一个数往前找,在未找到插入点之前,把在有序序列中已经查找过的数都同时向后移动一个位置,为插入的数准备插入的空间。

插入排序法的特点是在寻找插入位置的同时完成数所在位置的移动。因为数位置的移动必须从后往前移,因此可将两个操作结合在一起完成,提高算法效率。

具体的排序步骤如下:

为方便表示,有序序列中的数用数组 $a[j]$ 表示。初始时有序序列中只有一个数,记为 $a[0]$,其余 $n-1$ 个数组成无序序列。

第 1 次插入:从无序序列中取出第 1 个数,记为 k,拿数 k 与有序序列的数 $a[0]$ 相比较。

(1)如果 $k>a[0]$,则把 k 插到有序序列的第 2 个位置,原来有序序列中的第 1 个数 $a[0]$ 的位置不变,此时新的有序序列为:$a[0]$、$a[1]$(即 k)。

(2)如果 $k<a[0]$,则原来有序序列中的第 1 个数 $a[0]$ 往后移一个位置,把数 k 插到有序序列中的第 1 个位置,此时新的有序序列为:$a[0]$(即 k)、$a[1]$(即原来的 $a[0]$)。

完成第 1 次插入后,有序序列中有 2 个数,而无序序列中有 $n-2$ 个数。

第 2 次插入:从无序序列中取出第 1 个数,记为 k,拿数 k 与有序序列的第 2 个数 $a[1]$ 相比较。

(1)如果 $k>a[1]$,则把 k 插到有序序列的第 3 个位置,原来有序序列中的第 1、2 个

数 $a[0]$、$a[1]$ 的位置不变,此时新的有序序列为 $a[0]$、$a[1]$、$a[2]$(即 k)。

(2)如果 $k<a[1]$,则把原来有序序列中的第 2 个数 $a[1]$ 往后移一个位置,再拿 k 与 $a[0]$ 相比较。如果 $k>a[0]$,把数 k 插到有序序列中的第 2 个位置,原来有序序列中的第 1 个位置的数 $a[0]$ 位置不变。此时新的有序序列为:$a[0]$、$a[1]$(即 k)、$a[2]$(即原来的 $a[1]$)。如果 $k<a[0]$,则原来有序序列中的第 1 个数 $a[0]$ 往后移一个位置,把数 k 插到有序序列中的第 1 个位置,此时新的有序序列为:$a[0]$(即 k)、$a[1]$(即原来的 $a[0]$)、$a[2]$(即原来的 $a[1]$)。

完成第 2 次插入后,有序序列中有 3 个数,而无序序列中有 $n-3$ 个数。

…………

第 $n-1$ 次插入:此时无序序列中只有 1 个数,记为 k,而有序序列中有 $n-1$ 个数。拿数 k 与有序序列的第 $n-1$ 个(即倒数第 1 个)数 $a[n-2]$ 相比较。

(1)如果 $k>a[n-2]$,则把 k 插到有序序列的第 n 个位置,原来有序序列中的第 $1,2,\cdots,$ $n-1$ 个数 $a[0]$,$a[1]$,$\cdots$,$a[n-2]$ 的位置不变,此时新的有序序列为:$a[0]$,$a[1]$,$a[2]$,$\cdots$,$a[n-2]$,$a[n-1]$(即 k)。

(2)如果 $k<a[n-2]$,则把原来有序序列中的第 $n-1$ 个数 $a[n-2]$ 往后移一个位置,再拿数 k 与有序序列的第 $n-2$ 个(即倒数第 2 个)数 $a[n-3]$ 相比较。

①如果 $k>a[n-3]$,把数 k 插到有序序列中的第 $n-1$ 个位置,原来有序序列的第 $1,2,$ $\cdots,n-2$ 个数 $a[0]$,$a[1]$,$\cdots$,$a[n-3]$ 的位置不变,此时新的有序序列为:$a[0]$,$a[1]$,$a[2]$,$\cdots$,$a[n-3]$,$a[n-2]$(即 k),$a[n-1]$(即原来的 $a[n-2]$)。

②如果 $k<a[n-3]$,则把原来有序序列中的第 $n-2$ 个数 $a[n-3]$ 往后移一个位置,再拿数 k 与有序序列的第 $n-3$ 个(即倒数第 3 个)数 $a[n-4]$ 相比较……直到把数 k 插到"合适"的位置为止,得到新的有序序列。

下面是对随机输入的 10 个整数利用插入排序法进行排序的例子,我们分别用 C 语言、Java 语言和 Python 语言编写解决问题的程序。

(1)用 C 语言编写的程序如下:

```c
# include<stdio.h>
main()
{
    int a[10],i,j,t;
    printf("请输入 10 个数字,数字间用空格隔开!! \n");
    for(i=0;i<10;i++)
        scanf("%d",&a[i]);
    for(i=1;i<10;i++)
    //外循环控制次数,n 个数从第 2 个数开始到最后共进行 n-1 次插入
    {
        t=a[i];
        for(j=i-1;j> =0&&t<a[j];j--)
            a[j+1]=a[j];
        a[j+1]=t;    //找到插入位置,完成插入
    }
    printf("由插入排序法进行升序排列结果为:\n");
    for(i=0;i<10;i++)
```

```
        printf("%d   ",a[i]);
    printf("\n");
}
```

（2）用 Java 语言编写的程序如下：

```
package cc;
import java.util.Scanner;
public class bb {
    public static void main(String[] args) {
        System.out.printf("请输入一个整数:n=");
        Scanner sc =new Scanner(System.in);
        int n=sc.nextInt();
        int[] a=new int[n];
        int i,j,k,t;
        System.out.printf("请输入%d个数,用空格隔开!! \n",n);
        for(i=0;i<n;i++)
            a[i]=sc.nextInt();
        for(i=1;i<10;i++){
            t=a[i];
            for(j=i-1;j> =0&&t<a[j];j--)
                a[j+1]=a[j];
        a[j+1]=t;                //找到插入位置,完成插入
        }
        System.out.printf("由插入排序法进行升序排列结果为:\n");
        for(i=0;i<10;i++)
            System.out.printf("%d   ",a[i]);
        System.out.printf("\n");
    }
}
```

（3）用 Python 语言编写的程序如下：

```
print("请输入一个列表的数据:")
a=list(map(int,input().split()))
n=len(a)
t=0
for i in range(1,n):
        t =a[i]
        j=i-1
        while (j>=0 and t<a[j]):
            a[j+1] =a[j]
            j=j-1
            a[j+1]=t
print("由插入排序法由小到大排序的结果为:")
for i in range(0,n):
    print("%d "%a[i],end=' ')
```

计算结果如图 10-3 所示。

```
D:\anaconda3\python.exe C:/Users/Administrator/PycharmProjec
请输入一个列表的数据:
543 -4 654 -793 94 439 9023 728 5437 82565 -4543
由插入排序法由小到大排序的结果为:
-4543  -793  -4  94  439  543  654  728  5437  9023  82565
Process finished with exit code 0
```

图 10-3　计算的结果(插入排序法)

练　　习

对下面各题,请分别用冒泡排序法、选择排序法、插入排序法编写解决问题的程序。

1. 请输入 15 个自然数,并将其按升序排序。

2. 有 10 个数分别是 87,38,42,19,79,32,98,21,64,10,请按升序排序并输出。

3. 某班有 n 个学生,输入他们的成绩,找出前两名的成绩并输出。

4. 一数据列为 135,69,34,−346,90,57,127,81,19,40,8,75,46,−435,643,8633,请按降序排序并输出。

5. 假设一个班有共 n 个人,每个人都有 m 门课程成绩。你能否对每个人的成绩按总分进行排序? 同理,按每一门课程的成绩进行排序?

第 11 章　矩　　阵

矩阵是数学中的一个重要内容,也是经济研究和经济工作中处理线性模型的重要工具;同时,矩阵也是一种方便的计算工具,在计算机科学领域中占有绝对的主导地位,因此我们有必要学习矩阵的相关知识。

11.1　矩阵的概念

对于方程组 $\begin{cases} x_1 - x_2 + x_3 - 2x_4 = 2, \\ 2x_1 - x_3 + 4x_4 = 4, \\ 3x_1 + 2x_2 + x_3 = -1, \\ -x_1 + 2x_2 - x_3 + 2x_4 = -4, \end{cases}$ 其未知数的系数及常数项按它在方程组中的顺

序组成一个矩形阵列

$$\begin{matrix} 1 & -1 & 1 & -2 & 2 \\ 2 & 0 & -1 & 4 & 4 \\ 3 & 2 & 1 & 0 & -1 \\ -1 & 2 & -1 & 2 & -4 \end{matrix}$$

这个矩形阵列决定着方程组是否有解。如果有解,应该怎样求?

下面介绍矩阵的定义。

1. 矩阵的定义

定义 1　由 $m \times n$ 个数 a_{ij}($i = 1, 2, \cdots, m; j = 1, 2, \cdots, n$)排列成一个 m 行 n 列的矩形表,称为一个 $m \times n$ 矩阵,记作

$$\begin{pmatrix} a_{11} & a_{12} & \cdots & a_{1n} \\ a_{21} & a_{22} & \cdots & a_{2n} \\ \vdots & \vdots & & \vdots \\ a_{m1} & a_{m2} & \cdots & a_{mn} \end{pmatrix}$$

其中 a_{ij} 称为矩阵第 i 行第 j 列的元素。

一般地,用大写的字母 $\boldsymbol{A}, \boldsymbol{B}, \boldsymbol{C}, \cdots$ 表示矩阵,有时为了标明矩阵的行与列,可用 $\boldsymbol{A}_{m \times n}$ 表示,或记为 $(a_{ij})_{m \times n}$.

2. 一些特殊的矩阵

(1)零矩阵:所有元素均为 0 的矩阵,记为 $\boldsymbol{O}$.

(2)方阵:矩阵的行数与列数都等于 n 的矩阵,也称为 n 阶方阵。

（3）单位方阵：主对角线上的元素均为 1，其他的元素都为 0 的方阵。单位方阵一般记为 $\boldsymbol{I}$ 或 $\boldsymbol{E}$ 或 $\boldsymbol{I}_n$.

（4）矩阵 $\boldsymbol{A}$ 与 $\boldsymbol{B}$ 相等：两个矩阵 $\boldsymbol{A}$ 与 $\boldsymbol{B}$ 有相同的行数与列数，且对应位置的元素均相等，记为 $\boldsymbol{A} = \boldsymbol{B}$.

（5）对角矩阵：主对角线上的元素不全为 0，其他元素全为 0 的矩阵。

（6）数量矩阵：主对角线上的元素全为 a，其他元素全为 0 的矩阵。

（7）右上三角矩阵和左下三角矩阵：主对角线的左下部分或右上部分的所有元素都为 0 的矩阵。

（8）对称矩阵。如果 n 阶方阵 $\boldsymbol{A} = (a_{ij})_{n \times n}$ 满足 $a_{ij} = a_{ji} (i, j = 1, 2, \cdots, n)$，称 $\boldsymbol{A}$ 为对称矩阵。例如：

$$\boldsymbol{A} = \begin{pmatrix} 1 & 3 & -2 & 4 \\ 3 & 0 & 5 & 8 \\ -2 & 5 & 6 & -4 \\ 4 & 8 & -4 & 5 \end{pmatrix}.$$

注意：

（1）n 阶行列式与 n 阶矩阵是两个不同的概念；

（2）一个 n 阶方阵 $\boldsymbol{A}$ 的元素按原来的排列形式构成的 n 阶行列式，称为方阵 $\boldsymbol{A}$ 的行列式，记为 $|\boldsymbol{A}|$.

11.2 矩阵的运算

1. 矩阵的加法

两个 $m \times n$ 矩阵 $\boldsymbol{A}$ 与 $\boldsymbol{B}$ 的对应元素相加得到的 m 行 n 列矩阵，称为矩阵 $\boldsymbol{A}$ 与 $\boldsymbol{B}$ 的和，记为 $\boldsymbol{A} + \boldsymbol{B}$.

2. 数与矩阵的乘法

用常数 k 乘以矩阵 $\boldsymbol{A}$ 的每一个元素得到的矩阵，称为数 k 与矩阵 $\boldsymbol{A}$ 的乘积，记为 $k\boldsymbol{A}$。

例 1 已知 $\boldsymbol{A} = \begin{pmatrix} 2 & 5 \\ -1 & 4 \end{pmatrix}$，$\boldsymbol{B} = \begin{pmatrix} 1 & 7 \\ -4 & 5 \end{pmatrix}$，则 $\boldsymbol{A} + \boldsymbol{B} = \begin{pmatrix} 3 & 12 \\ -5 & 9 \end{pmatrix}$，$3\boldsymbol{A} = \begin{pmatrix} 6 & 15 \\ -3 & 12 \end{pmatrix}$.

3. 矩阵的乘法

设矩阵 $\boldsymbol{A} = (a_{ik})_{m \times l}$ 的列数与 $\boldsymbol{B} = (b_{kj})_{l \times n}$ 的行数相同，则由元素

$$c_{ij} = a_{i1}b_{1j} + a_{i2}b_{2j} + a_{i3}b_{3j} + \cdots + a_{il}b_{lj} = \sum_{k=1}^{l} a_{ik}b_{kj} (i = 1, 2, \cdots, m; j = 1, 2, \cdots, n)$$

构成的 m 行 n 列矩阵 $\boldsymbol{C} = (c_{ij})_{m \times n}$，称为矩阵 $\boldsymbol{A}$ 与矩阵 $\boldsymbol{B}$ 的积，记为 $\boldsymbol{C} = \boldsymbol{A} \cdot \boldsymbol{B}$ 或 $\boldsymbol{C} = \boldsymbol{A}\boldsymbol{B}$.

例 2 已知 $\boldsymbol{A} = \begin{pmatrix} 2 & 3 \\ 1 & -2 \\ 3 & 1 \end{pmatrix}$，$\boldsymbol{B} = \begin{pmatrix} 1 & -2 & -3 \\ 2 & -1 & 0 \end{pmatrix}$，则 $\boldsymbol{A}\boldsymbol{B} = \begin{pmatrix} 8 & -7 & -6 \\ -3 & 0 & -3 \\ 5 & -7 & -9 \end{pmatrix}$.

4. 矩阵的转置

将 $m \times n$ 矩阵 $\boldsymbol{A}$ 的行与列互换，得到的 $n \times m$ 矩阵，称为矩阵 $\boldsymbol{A}$ 的转置矩阵，记为 $\boldsymbol{A}^{\mathrm{T}}$

或 A'。

例如,矩阵 $A = \begin{pmatrix} 2 & 3 \\ 1 & -2 \\ 3 & 1 \end{pmatrix}$,则矩阵 A 的转置矩阵 $A^T = \begin{pmatrix} 2 & 1 & 3 \\ 3 & -2 & 1 \end{pmatrix}$.

5. 方阵的幂

对于方阵 A 及自然数 k,$A^k = \underbrace{A \cdot A \cdot \cdots \cdot A}_{k个}$,称为方阵 A 的 k 次幂。

6. 矩阵的运算性质

(1) $A + B = B + A$.

(2) $(A + B) + C = A + (B + C)$.

(3) $A + O = A$.

(4) $A + (-A) = O$.

(5) $k(A + B) = kA + kB$.

(6) $(k + l)A = kA + lA$.

(7) $(kl)A = k(lA)$.

(8) $I \cdot A = A$.

(9) $(AB)C = A(BC)$.

(10) $(A + B)C = AC + BC$.

(11) $C(A + B) = CA + CB$.

(12) $k(AB) = (kA)B = A(kB)$.

(13) $(A')' = A$.

(14) $(A + B)' = A' + B'$.

(15) $(A^{k_1})^{k_2} = A^{k_1 k_2}$.

(16) $A^{k_1} \cdot A^{k_2} = A^{k_1 + k_2}$.

注意:矩阵的乘法不满足交换律,即 $AB \neq BA$.

11.3　矩阵的初等变换和逆矩阵

1. 矩阵的初等变换

矩阵的初等变换有以下三种:

(1) 交换矩阵的某两行(或列)。交换矩阵的第 i 行与第 j 行,记为:$r_i \leftrightarrow r_j$。

(2) 以一个常数 k 乘以矩阵的某一行(或列)。矩阵的第 i 行乘以常数 k,记为:kr_i。

(3) 把矩阵的某一行(或列)乘以非零常数 k,再加到另一行(或列)上。矩阵的第 i 行乘以常数 k,再加到第 j 行上,记为:$r_j + kr_i$。

注意:矩阵的第 i 行记为 r_i,第 i 列记为 c_i,对矩阵的列进行初等变换,所用记号由"r"换成"c"即可。

利用矩阵的初等变换,可以很方便地求一个矩阵的逆矩阵和解方程组等。

2. 逆矩阵的定义

定义 2　对于一个 n 阶方阵 A,如果存在一个 n 阶方阵 B,使得 $AB = BA = I$,称矩阵 A 是可逆矩阵,同时称 B 为 A 的逆矩阵,并且 A 的逆矩阵是唯一的。记 A 的逆矩阵为 A^{-1},即

$$AA^{-1} = A^{-1}A = I.$$

3. 非奇异矩阵

若 n 阶方阵 A 的行列式 $|A| \neq 0$,则称 A 为非奇异矩阵。

4. 逆矩阵与伴随矩阵的关系

n 阶方阵 A 可逆 $\Leftrightarrow A$ 为非奇异矩阵,而且

$$A^{-1} = \frac{1}{|A|} \begin{pmatrix} A_{11} & A_{21} & \cdots & A_{n1} \\ A_{12} & A_{22} & \cdots & A_{n2} \\ \vdots & \vdots & & \vdots \\ A_{1n} & A_{2n} & \cdots & A_{nn} \end{pmatrix},$$

其中矩阵 $\begin{pmatrix} A_{11} & A_{21} & \cdots & A_{n1} \\ A_{12} & A_{22} & \cdots & A_{n2} \\ \vdots & \vdots & & \vdots \\ A_{1n} & A_{2n} & \cdots & A_{nn} \end{pmatrix}$ 称为方阵 A 的伴随矩阵（A_{ij} 为行列式 $|A|$ 的各元素的代数余

子式），记为 A^*，即 $A^{-1} = \frac{1}{|A|} A^*$.

5. 逆矩阵的性质

（1）$(A^{-1})^{-1} = A$；

（2）$(A')^{-1} = (A^{-1})'$；

（3）A、B 是同阶方阵，则 $(AB)^{-1} = B^{-1} A^{-1}$。

6. 求逆矩阵的方法

（1）利用伴随矩阵的方法求逆矩阵。

（2）利用矩阵的"行"初等变换，如果能把矩阵 $(A \mid I)$ 的左半部分化为单位方阵，则右半部分就是矩阵 A 的逆矩阵。

（3）利用数学软件 Mathematica 或 MATLAB 来求逆矩阵。

下面介绍求逆矩阵的第（2）种方法。

例 3 求矩阵 $A = \begin{pmatrix} 1 & 0 & 1 \\ 2 & 1 & 0 \\ -3 & 2 & -5 \end{pmatrix}$ 的逆矩阵。

解 对矩阵 $(A \mid I)$ 做"行"初等变换：

$$(A \mid I) = \begin{pmatrix} 1 & 0 & 1 & 1 & 0 & 0 \\ 2 & 1 & 0 & 0 & 1 & 0 \\ -3 & 2 & -5 & 0 & 0 & 1 \end{pmatrix} \xrightarrow[r_3 + 3r_1]{r_2 + (-2)r_1} \begin{pmatrix} 1 & 0 & 1 & 1 & 0 & 0 \\ 0 & 1 & -2 & -2 & 1 & 0 \\ 0 & 2 & -2 & 3 & 0 & 1 \end{pmatrix}$$

$$\xrightarrow{r_3 + (-2)r_2} \begin{pmatrix} 1 & 0 & 1 & 1 & 0 & 0 \\ 0 & 1 & -2 & -2 & 1 & 0 \\ 0 & 0 & 2 & 7 & -2 & 1 \end{pmatrix} \xrightarrow{\frac{1}{2}r_3} \begin{pmatrix} 1 & 0 & 1 & 1 & 0 & 0 \\ 0 & 1 & -2 & -2 & 1 & 0 \\ 0 & 0 & 1 & 7/2 & -1 & 1/2 \end{pmatrix}$$

$$\xrightarrow[r_2 + 2r_3]{r_1 + (-1)r_3} \begin{pmatrix} 1 & 0 & 0 & -5/2 & 1 & -1/2 \\ 0 & 1 & 0 & 5 & -1 & 1 \\ 0 & 0 & 1 & 7/2 & -1 & 1/2 \end{pmatrix}.$$

所以矩阵 A 的逆矩阵为

$$A^{-1} = \begin{pmatrix} -\dfrac{5}{2} & 1 & -\dfrac{1}{2} \\ 5 & -1 & 1 \\ \dfrac{7}{2} & -1 & \dfrac{1}{2} \end{pmatrix}.$$

11.4　矩　阵　的　秩

定义 3　设矩阵 $A_{m \times n}$，如果 A 中不为 0 的子式的最大阶数为 m，即存在 m 阶子式不为 0，而任何 $m+1$ 阶子式都为 0，则称 m 为矩阵 A 的秩，记为秩$(A)=m$ 或 $r(A)=m$。

当 $A=O$ 时，规定 $r(A)=0$。

矩阵经过初等变换后，其秩不变。如果 n 阶方阵 A 满足 $r(A)=n$，则称 A 是满秩的，并且 $|A| \neq 0$。

如果我们利用初等变换，把矩阵 A 化为阶梯形矩阵 B，则矩阵 B 非零行的个数就是矩阵 A 的秩。

例 4　已知 $A = \begin{pmatrix} 1 & 2 & 3 & 0 \\ 0 & 1 & 0 & 1 \\ 0 & 0 & 1 & 0 \end{pmatrix}$，则 $r(A)=3$；$B = \begin{pmatrix} 1 & 2 \\ 0 & 1 \\ 0 & 1 \end{pmatrix}$，则 $r(B)=2$；而 $C = \begin{bmatrix} 1 & 0 & 0 & 1 \\ 1 & 2 & 0 & -1 \\ 3 & -1 & 0 & 4 \\ 1 & 4 & 5 & 1 \end{bmatrix}$，则 $r(C)=?$

由于矩阵 C 经过初等变换后，可以化为阶梯形矩阵 $\begin{bmatrix} 1 & 0 & 0 & 1 \\ 0 & 1 & 0 & -1 \\ 0 & 0 & 1 & \dfrac{4}{5} \\ 0 & 0 & 0 & 0 \end{bmatrix}$，则 $r(C)=3$.

练　　习

已知矩阵 $A = \begin{pmatrix} 0 & 1 & 4 \\ -2 & 9 & 1 \\ 0 & -1 & 4 \end{pmatrix}$，$B = \begin{pmatrix} 0 & 1 & 8 & 0 \\ -2 & 5 & 6 & 2 \\ 1 & 0 & 1 & 2 \end{pmatrix}$，$C = \begin{pmatrix} 1 & 2 & 6 & 3 \\ 4 & 5 & 1 & 4 \\ 0 & 2 & -1 & 3 \end{pmatrix}$。

1. 求 $3A$，AB，$B+C$，$4B-3C$，$r(A)$，$r(B)$，$r(C)$，B^{T}.

2. 求矩阵 A 的逆矩阵。

第 12 章　MATLAB 软件简介

12.1　MATLAB 概述

　　MATLAB(matrix laboratory)是 MathWorks 公司推出的用于算法开发、数据可视化、数据分析以及数值计算的高级计算语言和交互式环境的商业数学软件。它具有数值分析、数值和符号计算、工程与科学绘图、数字图像处理、财务与金融工程等功能,为众多科学领域提供了全面的解决方案。

　　MATLAB 作为线性系统的一种分析和仿真工具,是理工科大学生应该掌握的技术工具,它作为一种编程语言和可视化工具,可解决工程、科学计算和数学学科中的许多问题。

　　MATLAB 建立在向量、数组和矩阵的基础上,使用方便,人机界面直观,输出结果可视化。

　　矩阵是 MATLAB 的核心。MATLAB 优秀的数值计算能力和卓越的数据可视化能力使其很快在数学软件中脱颖而出。随着版本的不断升级,它在数值计算及符号计算上的功能得到进一步完善。MATLAB 已经发展成为多学科、多种工作平台的,功能强大的大型软件。MATLAB 已经成为线性代数、自动控制理论、概率论及数理统计、数字信号处理、时间序列分析、动态系统仿真等高级课程的基本教学工具,操作 MATLAB 已是大学生必须掌握的基本技能。

　　MATLAB 的主要特点如下:有高性能数值计算的高级算法,特别适合矩阵代数领域;有大量事先定义的数学函数,并且有很强的用户自定义函数的能力;有强大的绘图功能,可绘制教育、科学和艺术学的图解和可视化的二维图、三维图;有基于 HTML 的完整的帮助功能;有与其他语言编写的程序结合和输入输出格式化数据的能力;有在多个应用领域解决难题的工具箱。

　　MATLAB 启动后显示的窗口称为命令窗口,提示符为">>"。一般可以在命令窗口中直接进行简单的算术运算和函数调用。

　　对于比较简单的问题和"一次性"问题,在命令窗口中直接输入一组指令求解也许是比较简便、快捷的。但是,当待解决问题需要的指令较多且所用指令结构较复杂时,或当一组指令通过改变少量参数就可以被反复使用去解决不同问题时,使用直接在命令窗口中输入指令的方法就显得烦琐、累赘和笨拙。设计 M 文本文件就是用来解决这个问题的。

　　程序文件扩展名为".m",以文本文件形式保存。有两种方式运行程序文件:一是直接在 MATLAB 命令窗口中输入文件名;二是选择 File->Open 打开 M 文件,弹出的窗口为 MATLAB 编辑器。这时可选择它的 Debug 菜单的 Run 子菜单运行。

12.2　MATLAB 的基础知识

由于 MATLAB 的基础知识较多,下面仅介绍其部分重要知识点。

(1)">>"是指令输入指示符,MATLAB 的运算符(如+、-、*、/、、等),都是在各种计算程序中常见的符号。输入完指令后,必须按回车键,该指令才会被执行。

(2)计算结果显示中的"ans"是英文"answer"的缩写,其含义是"运算答案",它只是 MATLAB 的一个默认变量,即上一个运算结果。

如:

```
> > 4*(6+7)
ans=
         52
```

即变量 ans 的值为 52。下面可以把 ans 作为一个变量使用,如:ans * 6。

(3)MATLAB 是以矩阵为计算单元的,直接输入矩阵时,矩阵的元素之间用空格或","分隔,矩阵的行用";"或"Shift+回车"分隔,整个矩阵放在一对[ ]内。

(4)MATLAB 用 3 个或 3 个以上的连续黑点表示"续行",即表示下一行是上一行的继续(只限在 MATLAB 命令窗口中),但在 Notebook 中进行时,不能用续行号,只能任其自动回绕。

(5)MATLAB 的数值用习惯的十进制,可以带小数或负号。如:

$$3 \quad -99 \quad 0.001 \quad 9.456 \quad 1.3e-3 \quad 4.5e33$$

(6)变量命名规则:变量名、函数名等对大小写是敏感的,即区分大小写。

系统本身定义的命令和函数都是以英文字母开头的。变量名等用小写字母,变量名的第一个字母必须是英文字母,并且英文字母区分大小写。MATLAB 7.0 以后的版本中变量名最多可包含 63 个字符(英文字母、数字、下划线),变量名不能包含空格、标点,但可以包含下划线。

(7)建议用户在编写指令和程序时,尽量不用 MATLAB 默认的预定义变量(MATLAB 启动时,这些变量就被产生)。

ans	计算结果的缺省变量名
NaN 或 nan	不是一个数(Not a Number),如 0/0,∞/∞
eps	机器零阈值
realmax	最大正实数,其大小为 1.7977e+308
Inf 或 inf	无穷大,如 1/0
realmin	最小正实数,其大小为 2.2251e-308
i 或 j	虚单元 $i=j=\sqrt{-1}$
pi	圆周率 π

(8)MATLAB 书写表达式时的规则如下。

①表达式由变量名、运算符和函数名组成。

②表达式将按与常规相同的优先级自左向右执行运算。

③优先级的规定:指数运算(即乘方)级别最高,乘除运算次之,加减运算级别最低。

④括号可以改变运算的次序。

⑤书写表达式时,赋值符"="和运算符两侧允许有空格,以增加可读性,但"<="中间不能有空格。

(9)得到帮助的有关信息:help+某函数、命令或工具箱,该命令可调出该函数、命令或工具箱的使用格式,显示在命令窗口中。

help+回车:获得当前安装的 MathWorks 产品的简单信息。

help+工具箱或函数的名称:可获得详细的帮助,获得的内容显示在命令窗口中。例如 help plot。

(10)doc+函数:在帮助浏览器中显示指定函数的帮助信息和使用格式等。

lookfor+关键字:搜索一系列与关键字有关的信息。

(11)如果某一命令行最后加一个分号,则表示该命令只运行,不在屏幕上显示结果。如果某一命令行最后加一个逗号,则表示该指令执行后的赋值结果将被显示在屏幕上。

(12)who 或 whos:查看变量名及其大小等。其中命令 who 只查看变量的名称,命令 whos 查看变量名、大小和类型等。

(13)改变数据的显示格式:

format	改变显示格式
format rat	以有理数格式显示
format short	短精度,是常用的格式,显示 5～6 位数(其中包含 1～2 位整数、4 位小数),是原来计算机默认的精度
format long	长精度,显示 15～16 位数(其中包含 1～2 位整数、14 位小数)
format long e	有 14 位小数、1 位整数(即有 15 位有效数字)的科学记数法
format short e	有 4 位小数、1 位整数(共 5 位有效数字)的科学记数法

(14)清除命令。

edit/clear command window,或直接用命令 clc:清除命令窗口中的内容。

clear:清除变量名和变量的值。

clf:清除图形。

12.3　MATLAB 的运算符

每一种编程语言都有其特有的运算符,MATLAB 也是如此。下面介绍 MATLAB 的运算符及其相关问题。

12.3.1　数组运算与矩阵运算

数组运算也称为点运算。数组运算和矩阵运算的指令及其定义如表 12-1 所示。

表 12-1　数组运算和矩阵运算

数组运算		矩阵运算	
指令	定义	指令	定义
A.′	非共轭转置,与数学上的矩阵转置相同	A′	共轭转置(复数变共轭复数)

数 组 运 算		矩 阵 运 算	
指　　令	定　　义	指　　令	定　　义
A＝s	把标量 s（常数）赋给 A 的每一个元素	A.′	非共轭转置,即矩阵转置,与数学上的矩阵转置相同
s＋B	标量 s 分别与 B 每个元素之和	如果矩阵的元素都是实数,上述两个转置 A' 和 $A.'$ 是一样的	
s－B,B－s	标量 s 分别与 B 每个元素之差		
s.＊B	标量 s 分别与 B 每个元素之积	s＊B	标量 s 分别与 B 每个元素之积
s./B, s.\B	s 分别被 B 的元素除	s＊inv(B)	s 乘以 B 的逆矩阵
A.^n	A 的每个元素自乘 n 次	A^n	A 为方阵时,A 自乘 n 次
A.^p	对 A 的各个元素求非整数 p 次幂	A^p	方阵 A 的非整数乘方
p.^A	以 p 为底,分别以 A 的各个元素为指数求幂	p^A	A 为方阵时,标量 p 的矩阵乘方
A＋B	对应元素相加	A＋B	矩阵相加
A－B	对应元素相减	A－B	矩阵相减
A.＊B	对应元素相乘	A＊B	内维相同矩阵的乘积
A./B	A 的元素分别除以 B 的对应元素	A/B	B 右除 A
B.\A	A 的元素分别除以 B 的对应元素	B\A	B 左除 A
exp(A)	以 e 为底,分别以 A 的各个元素为指数,求幂	exp(A)	A 的矩阵指数函数
log(A)	对 A 的各元素求对数(以 e 为底)	log(A)	A 的矩阵对数函数
sqrt(A)	对 A 的各元素求平方根	sqrt(A)	A 的矩阵平方根函数
f(A)	求 A 各元素的函数值,f(·)是执行数组运算的常用函数		
		A♯B	两矩阵对应元素间的关系运算;♯代表关系运算符
		A@B	对两矩阵对应元素之间的逻辑运算;@代表逻辑运算符

　　一般地,如果不是 MATLAB 中固有的函数,在计算中必须用点运算。例如:

```
x=[0:0.01:pi];
y1=exp(-x.^2).*(sin(sqrt(x)));
y2=cos(x.^2+1)./(sqrt(x.^2+1));
```

因为 ^，*，/ 等是 MATLAB 的运算符，不是固有的函数，都要用点运算，否则计算机认为它们是错误的。如果用 y1＝exp(－x^2)＊(sin(sqrt(x)))；计算机会显示错误的信息。

12.3.2　运算符

MATLAB 与其他编程语言一样，有算术运算符、关系运算符和逻辑运算符，如表 12-2 所示。

表 12-2　MATLAB 的运算符

算术运算符	意　义	备　注
＋ － ＊（星号） /（斜杠） ^	加号 减号 乘号 除号 乘方	1. 不引起误解的情况下，乘号可以省略。当数值与变量、数值与函数相乘时，如 2a 和 2＊a 的意义是相同的，常数写在前，变量、函数写在后。 2. 算术运算的顺序遵循数学中的习惯：乘方→乘或除→加或减。 3. 同级运算符之间遵循从左到右的结合性
关系运算符	意　义	备　注
＝＝ ～＝ ＞ ＞= ＜ ＜=	等于 不等于 大于 大于等于 小于 小于等于	"＝"是赋值符号
逻辑运算符	意　义	
～ & |	非，逻辑否，若 A 为真，则～A 为假；若 A 为假，则～A 为真。 与，和，当 A 和 B 都为真时，A&B 为真。 或，当 A 或 B 为真时，A|B 为真。真用 1 表示，假用 0 表示	

12.4　数　学　函　数

MATLAB 已有很多事先定义好的函数，下面仅介绍常见的数学函数。

12.4.1　三角函数与双曲函数

1. 三角函数

函数：sin(x)。

功能：计算 x 的正弦。

使用格式：Y＝ sin(X)。

该函数是计算参量 X(可以是向量、矩阵,元素可以是复数)中每一个角度分量的正弦值 Y,所有分量的角度单位为弧度。三角函数和反三角函数有:

$$\sin(x) , \text{asin}(x); \cos(x), \text{acos}(x); \tan(x), \text{atan}(x),$$
$$\cot(x), \text{acot}(x); \sec(x), \text{asec}(x); \csc(x), \text{acsc}(x).$$

2.双曲函数

函数:sinh(x)。

功能:计算 x 的双曲正弦。

使用格式:Y＝sinh(X)。

双曲正弦函数为 $\sinh x = \dfrac{e^x - e^{-x}}{2}$,双曲余弦函数为 $\cosh x = \dfrac{e^x + e^{-x}}{2}$。

注意:sin(pi)并不是零,而是与浮点精度有关的无穷小量 eps,因为 pi 仅仅是精确值 π 浮点近似的表示值而已。

例如:

```
x =- pi:0.01:pi; plot(x,sin(x), 'k')
figure;
x =- 5:0.01:5; plot(x,sinh(x) , 'k')
```

图形结果如图 12-1 所示。

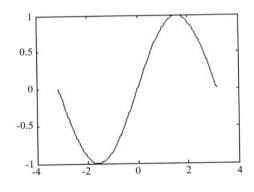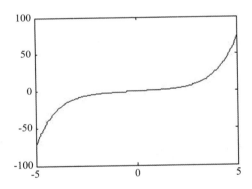

图 12-1　正弦函数与双曲正弦函数图像

12.4.2　其他常用函数

1.函数:fix

功能:朝零方向取整,即直接取 A 的整数部分。

使用格式:B＝fix(A)。

该函数对 A 的每一个元素朝零的方向取整数部分,返回与 A 同维的数组。对于复数参量 A,则返回一复数,其分量的实数与虚数部分分别取原复数的、朝零方向的整数部分。

例如:

```
A =[-1.9, - 0.2, 3.1415926, 5.6, 7.0, 2.4+3.6i];
B =fix(A)
B =
```

```
    -1.0000    0    3.0000    5.0000    7.0000    2.0000+3.0000i
```

2. 函数：round

功能：朝最近的方向取整。

使用格式：Y = round(X)。

该函数对 X 的每一个元素朝最近的方向取整数部分，返回与 X 同维的数组。对于复数参量 X，则返回一复数，其分量的实数与虚数部分分别取原复数的、朝最近方向的整数部分。

例如：

```
A=[-1.9, -0.2, 3.1415926, 5.6, 7.0, 2.4+3.6i];
Y=round(A)
Y=
    -2.0000    0    3.0000      6.0000  7.0000  2.0000+4.0000i
```

3. 函数：floor

功能：朝负无穷大方向取整（往比 X 小的方向取整，即向下取整）。

使用格式：B=floor(A)。

该函数对 A 的每一个元素朝负无穷大的方向取整数部分，返回与 A 同维的数组。对于复数参量 A，则返回一复数，其分量的实数与虚数部分分别取原复数的、朝负无穷大方向的整数部分。

例如：

```
A=[-1.9, -0.2, 3.1415926, 5.6, 7.0, 2.4+3.6i];
F=floor(A)
F=
    -2.0000    -1.0000    3.0000    5.0000    7.0000    2.0000+3.0000i
```

4. 函数：ceil

功能：朝正无穷大方向取整（往比 X 大的方向取整，即向上取整）。

使用格式：B=ceil(A)。

该函数对 A 的每一个元素朝正无穷大的方向取整数部分，返回与 A 同维的数组。对于复数参量 A，则返回一复数，其分量的实数与虚数部分分别取原复数的、朝正无穷大方向的整数部分。

例如：

```
A=[-1.9, -0.2, 3.1415926, 5.6, 7.0, 2.4+3.6i];
B=ceil(A)
B=
    -1.0000    0    4.0000    6.0000    7.0000    3.0000+4.0000i
```

5. 函数：rem

功能：求做除法后的剩余数。

使用格式：R= rem(X,Y)。

该函数求 X/Y 的余数，并且余数与 X 的符号相同，返回结果 $X - \text{fix}(X./Y).*Y$，其中 X、Y 应为正数。若 X、Y 为浮点数，由于计算机对浮点数表示的不精确性，结果将可能是不可意料的。fix(X. /Y)为商数 X. /Y 朝零方向取的整数部分。若 X 与 Y 为同符号的,则 rem(X, Y)返回的结果与 mod(X,Y)相同,不然,若 X 为正数,则 rem(−X,Y) = mod(−X,Y)−Y. 该命令返回的结果在区间[0,sign(X) * abs(Y)],若 Y 中有零分量,则相应地返回 NaN。

例如:

```
X =[12 23 34 45];
Y =[3 7 2 6];
R =rem(X,Y)
R =
      0    2    0    3
```

6. 函数:mod

功能:模数(带符号的除法余数)。

使用格式:M=mod(X,Y)。

该函数的输入参量 X、Y 应为整数,此时返回余数 X −Y. * floor(X. /Y),即求 X/Y 的余数,并且余数的符号与 Y 的符号一致。若运算数 X 与 Y 有相同的符号,则 mod(X,Y)等于 rem(X,Y)。总之,对于整数 X 和 Y,有 mod(−X,Y)= rem(−X,Y)+Y。若输入为实数或复数,由于浮点数在计算机上的不精确表示,该操作将导致不可预测的结果。

例如:

```
M1 =mod(13,5), M2 =mod(magic(3),3)
M1 =
        3
M2 =
        2    1    0
        0    2    1
        1    0    2
```

7. 函数:exp

功能:求以 e 为底数的指数函数 e^x。

使用格式:Y=exp(X)。

该函数对参量 X 的每一分量,求以 e 为底数的指数函数 Y,即以 X 的元素分别计算以 e 为底的指数值 e^x,X 中的分量可以为复数。对于复数分量,如 z=x +i * y,则相应地用公式计算:e^z=e^x * (cos(y) + i * sin(y))。

例如:

```
A=[-1.9, -0.2, 3.1415926, 5.6, 7.0, 2.4+3.6i];
Y=exp(A)
Y=
    1.0e+003 *
    0.0001  0.0008   0.0231   0.2704   1.0966   -0.0099  -0.0049i
```

8. 函数:log

功能:求自然对数,即以 e 为底数的对数。

使用格式:Y=log(X)。

该函数对参量 X 中的每一个元素计算自然对数。若 X 中的元素出现复数,可能得到意想不到的结果。

例如:

```
a=log(exp(2))
a=
    2
```

9. 函数:log10

功能:常用对数,即以 10 为底数的对数。

使用格式:Y=log10(X)。

该函数计算 X 中的每一个元素的常用对数,若 X 中出现复数,则可能得到意想不到的结果。

例如:

```
L1 =log10(realmax)    %由此可得特殊变量 realmax 的近似值
L2 =log10(eps)        %由此可得特殊变量 eps 的近似值
M =magic(4);
L3 =log10(M)
L1 =
    308.2547
L2 =
    -15.6536
L3 =
    1.2041    0.3010    0.4771    1.1139
    0.6990    1.0414    1.0000    0.9031
    0.9542    0.8451    0.7782    1.0792
    0.6021    1.1461    1.1761         0
```

10. 函数:sort

功能:把输入参量中的元素按模从小到大的方向重新排列。

使用格式:B=sort(A,dim) 或 [B,INDEX]=sort(A,dim)。

输入输出参数说明:

(1)如果 X 中没有复数,则按 X 的大小关系从小到大来排列。

(2)如果 X 中有复数,则按 X 的模的大小关系从小到大来排列。

(3)该函数指沿着输入参量 A 的不同维的方向、按模从小到大重新排列 A 中的元素。其中:dim 取 1,表示按列方向排列;dim 取 2,表示按行方向排列。

(4)A 可以是字符串的、实数的、复数的单元数组。对于 A 中完全相同的元素,则按它们在 A 中的先后位置排列在一块;若 A 为复数,则按元素幅值从小到大排列,若有幅值相同的复数元素,再按它们在区间[$-\pi,\pi$]的幅角从小到大排列;若 A 中有元素为 NaN,则将它们排到最后。若 A 为向量,则返回从小到大的向量;若 A 为二维矩阵,则按列的方向进行排列;若 A 为多维数组,sort(A)把沿着第一非单元集的元素像向量一样进行处理。

(5)函数[B, INDEX]= sort(A,…),输出参量 B 的结果如同上面的情形,输出参量 INDEX 等于 size(A)的数组,它的每一列是与 A 中列向量的元素相对应的置换向量(即元素在原矩阵中的位置）。若 A 中有重复出现的相同的值,则返回保存原来相对位置的索引。

例如：

```
A =[-1.9, -0.2, 3.1415926, 5.6, 7.0, 2.4+3.6i];
[B1,INDEX] = sort(A)
M =magic(4);
B2 = sort(M)
B1 =
   -0.2000  -1.9000  3.1416  2.4000+3.6000i  5.6000  7.0000
INDEX =
   2    1    3    6    4    5
B2 =
   4    2    3    1
   5    7    6    8
   9   11   10   12
  16   14   15   13
```

11. 函数：abs

功能：求数值的绝对值或复数的幅值（或称模）。

使用格式：Y＝abs(X)。

该函数返回参量 X 的每一个分量的绝对值；若 X 为复数,则返回每一分量的幅值,即 abs(X)＝sqrt(real(X).^2＋imag(X).^2).

例如：

```
A=[-1.9, -0.2, 3.1415926, 5.6, 7.0, 2.4+3.6i];
Y=abs(A)
Y=
       1.9000   0.2000   3.1416   5.6000   7.0000   4.3267
```

12. 函数：conj

功能：复数的共轭值。

使用格式：ZC＝conj(Z)。

该函数返回参量 Z 的每一个分量的共轭复数,即 conj(Z)＝real(Z)－i * imag(Z)。

13. 函数：imag

功能：复数的虚数部分。

使用格式：Y＝imag(Z)。

该函数返回输入参量 Z 的每一个分量的虚数部分。

例如：

```
imag(2+3i)
ans =
    3
```

14. 函数：real

功能：复数的实数部分。

使用格式:Y＝real(Z)。

该函数返回输入参量 Z 的每一个分量的实数部分。

例如:

```
real(2+3i)
ans =
    2
```

15. 函数:angle

功能:复数的相角(或称幅角)。

使用格式:P＝angle(Z)。

该函数返回输入参量 Z 的每一复数元素的、单位为弧度的相角,其值在区间$[-\pi,\pi]$上。

例如:

```
Z=[1-i, 2+i, 3-i, 4+i;1+2i,2-2i,3+2i,4-2i;1-3i,2+3i,3-3i,4+3i;1+4i,2-4i,3+
4i,4-4i];
P=angle(Z)
P=
    -0.7854    0.4636    -0.3218    0.2450
     1.1071   -0.7854     0.5880   -0.4636
    -1.2490    0.9828    -0.7854    0.6435
     1.3258   -1.1071     0.9273   -0.7854
```

16. 函数:complex

功能:用实数与虚数部分创建复数。

使用格式:c＝complex(a,b)。

该函数用两个实数 a、b 创建复数 c＝a＋bi。输出参量 c 与 a、b 同型(同为向量、矩阵或多维阵列)。该命令比 a＋i*b 或 a＋j*b 形式的复数输入更有用,因为 i 和 j 可能被用作其他的变量(不等于 sqrt(-1)),或者 a 和 b 不是双精度的。

c＝complex(a),输入参量 a 作为输出复数 c 的实部,其虚部为 0:c＝a＋0*i。

例如:

```
a=uint8([1;2;3;4]);
b=uint8([4;3;2;1]);
c=complex(a,b)
c=
    1+4i
    2+3i
    3+2i
    4+1i
```

17. 函数:nchoosek

功能:二项式系数或所有的组合数。该命令只在 n<15 时有用。

使用格式:C＝nchoosek(n,k)。

该函数的参量 n、k 为非负整数,返回 n!／((n-k)! k!),即一次从 n 个物体中取出 k 个的组合数。其中 C_n^k＝n!／((n-k)!k!),n≥k。

例如：C＝nchoosek(10,4)，计算结果得 210。

12.5　矩阵的相关操作

由于 MATLAB 建立在向量、数组和矩阵的基础上，因此研究矩阵的相关操作是非常重要的。下面讨论矩阵的相关操作。

12.5.1　构造矩阵

下面介绍创建矩阵的方法。

1. 用矩阵创建符[ ]来创建矩阵

该方法是最简单的方法，也是通用的构造方法。在中括号内输入多个元素，并用逗号或空格把每个元素隔开，行与行之间用分号或 Shift＋回车键分隔。

例如：A＝[1,2,4,5;3,4,2,6;7,8,5,9]。

2. 用增量法(也称冒号生成法)构造矩阵

使用格式：A＝[a:d:b]或 A＝a:d:b 或 A＝(a:d:b)。

生成一个第一个元素为 a、最后一个元素不超过 b、步长为 d 的数组，即生成首项为 a、公差为 d、末项不超过 b 的等差数列。当 d 为 1 时 d 可省略。其中默认序列是以增序方式生成的，步长为负数时以减序方式生成。

例如：B＝[1:2:10;1:3:13]，则生成一个两行的矩阵。

3. 定数线性采样法(用 linspace 函数)

使用格式：C＝linspace(a,b,n)。

生成数组的第一个和最后一个元素分别为 a、b，其中 n 为数组的元素个数，与命令 C＝[a:(b－a)/(n－1):b]相同。

此外，logspace(a,b,n) 表示生成从 10^a 到 10^b 共 n 个数值的等比数组。

4. 构造特殊矩阵

构造特殊矩阵的函数及其功能如表 12-3 所示。

表 12-3　构造特殊矩阵的函数及其功能

函　　数	功　　能
ones(m,n)	创建一个所有元素全为 1 的 m×n 阶矩阵，其中 ones(n) 生成 n 阶方阵
zeros(m,n)	创建一个所有元素全为 0 的 m×n 阶矩阵，其中 zeros(n) 生成 n 阶方阵
eye(n)	创建主对角线的元素为 1、其他元素全为 0 的 n 阶单位方阵
eye(m,n)	创建主对角线的元素为 1、其他元素全为 0 的 m×n 阶矩阵
diag(A,n)	把 A 的元素放在主对角线上，或提取矩阵 A 的对角元素。当以向量 A 的元素生成一个对角形矩阵时，n＝1,2,…表示把 A 的元素放在第 1,2,…条上主对角线上，n＝－1,－2,…表示把 A 的元素放在第 1,2,…条下主对角线上。注：n＝0 可以不写，指主对角线

函　　数	功　　能
magic(n)	创造一个 n 阶方形矩阵(魔方矩阵)。其中每行、每列和对角线(主、副对角线)上元素的总和都相等
rand(m,n)	创造一个 m×n 矩阵,该命令产生从 0 到 1 之间、服从均匀分布的随机数
randn(m,n)	创造一个 m×n 矩阵,该命令产生均值为 0、方差为 1、服从正态分布的随机数
randint(m,n)	创造一个 m×n 整型随机数矩阵,所有元素都是 0 或 1
randperm(n)	创造一个 1×n 矩阵,其中元素为 1~n 之间的数

5. 聚合矩阵

产生聚合矩阵的函数及其功能如表 12-4 所示。

表 12-4　产生聚合矩阵的函数及其功能

函　　数	功　　能
C=[A B]	构造水平方向上的聚合矩阵 A、B,等同于 horzcat(A,B),生成的矩阵为 (A B)
C=[A; B]	构造垂直方向上的聚合矩阵 A、B,等同于 vertcat(A,B),生成的矩阵为 $\binom{A}{B}$
cat(n,A,B)	把"大小"相同的矩阵 A 和 B,沿第 n 维聚合矩阵,其中 n=1 指垂直方向,n=2 指水平方向
repmat(D,n,m)	针对表 D,第一维放 n 个 D,第二维放 m 个 D
blkdiag(A,B,C)	用 A、B、C 矩阵创建块对角矩阵
reshape(A,m,n)	在总元素不变的前提下,改变各维的大小,即元素个数=m×n 个,元素按列从左到右重排成新的矩阵
tril(A)	提取矩阵 A 的下三角部分,生成下三角阵,与原来矩阵同大小,其他位置的元素为 0(以主对角线为准)
triu(A)	提取矩阵 A 的上三角部分,生成上三角阵,与原来矩阵同大小,其他位置的元素为 0(以主对角线为准)

12.5.2　矩阵的相关操作

1. 获取矩阵的单个元素

获取矩阵的单个元素,最方便的方法就是指定矩阵的行和列。A 为矩阵时,使用 A(行,列)来获取矩阵的单个元素。

其中 A(i 行,j 列) 表示取出位于矩阵 A 的第 i 行、第 j 列的元素。

也可以用单编号来获取矩阵中的元素,MATLAB 保存矩阵中的数据时不是按照它们显示在命令窗口中的形状保存的,而是作为单一元素列保存的。这个元素列又是由矩阵中的所有列组成的,后一列元素按先后顺序添加到前一列元素的最后。

例如:

```
A=[1,2,4,5;8,5,0,9]
A=
        1      2      4      5
        8      5      0      9
```

在内存中存放矩阵数据的规则是:先存第一列,然后存第二列,第三列,…,最后一列。故上面的矩阵是以下面的序列保存的:

$$1,8,2,5,4,0,5,9.$$

如果一个矩阵 A 是 d1×d2 矩阵,则其位于矩阵 A 第 i 行、第 j 列处的元素在保存序列中的位置是(j−1) * d1+ i。

2.获取矩阵的多个元素

A(:, n)＝a,指重新定义矩阵 A 的第 n 列的所有元素全为 a。

A(m, :)＝a,指重新定义矩阵 A 的第 m 行的所有元素全为 a。

B＝[A,C(:,1:4)],指取 A 的所有元素,水平方向上再增加矩阵 C 的 1～4 列的所有行,构成一个新的矩阵。

例如:

```
s=[1,3,5,7,9];       %定义"单下标"数组
A(s)=0;              %对 A 的元素重新赋值,使与 s 相应的下标元素为 0
A(s)=[91,3,5,7,9] %对 A 的元素重新赋值,使与 s 相应的下标元素为 91,3,5,7,9
```

A(1,4)＋A(2,4)＋A(3,4)＋A(4,4)与 sum(A(1:4,4))命令相同。

```
A=magic(4);
sum(A(1:4, :))%表示求 A 的 1~4 行所有列之和
```

特别地,end 关键字是指矩阵某维的最后一个元素,适用于不知道矩阵有多少行或多少列的情况。例如:

```
A(1:3:end) =-10    %把值-10 赋给矩阵 A 的某些元素
```

3.获取与矩阵有关的信息

获取与矩阵有关的信息的函数及其功能如表 12-5 所示。

表 12-5　获取与矩阵有关的信息的函数及其功能

函　　数	功　　能
length(A)	求矩阵 A 最长维的长度
ndims(A)	返回矩阵 A 的维数
numel(A)	返回矩阵 A 的元素个数
size(A)	返回矩阵 A 每一维的个数,显示结果为:行数 列数

例如,取 A 的不相邻的第 1、2、4 列元素组成新的矩阵 B,代码为:

```
B=[A(:,1),A(:,2),A(:,4)]
```

例如:

```
A= diag(B);        %生成以 B(要求 B 为行或列矩阵)的元素为对角线的矩阵
C=diag(A);         %取矩阵 A(要求 A 是矩阵)的对角线元素生成的矩阵
```

4. 重塑矩阵

重塑矩阵主要就是利用一个矩阵,经过变形得到另外一个矩阵。

```
A=eye(4,6)
rot90(A)           %将矩阵旋转 90 度
flipud(A)          %将矩阵沿水平轴翻转
fliplr(A)          %将矩阵沿垂直轴翻转
transpose(A)       %将矩阵沿主对角线翻转
ctranspose(A)      %将矩阵转置
```

5. 产生多维矩阵

前面介绍的都是一维矩阵和二维矩阵,下面介绍多维矩阵,主要讲三维矩阵。

```
A=ones(4,3,2)      %采用(行,列,页)的方法生成三维矩阵
A(:,:,1) =

     1    1    1
     1    1    1
     1    1    1
     1    1    1

A(:,:,2) =

     1    1    1
     1    1    1
     1    1    1
     1    1    1
```

6. 矩阵的运算

1)加、减运算

运算符:"＋"和"－"分别为加、减运算符。

运算规则:对应元素相加、相减,即按线性代数中矩阵的"＋""－"运算进行。

例如:

```
A=[1, 1, 1; 1, 2, 3; 1, 3, 6];
B=[8, 1, 6; 3, 5, 7; 4, 9, 2];
A+B, A-B
A+B=

     9    2    7
     4    7   10
     5   12    8

A-B=

    -7     0    -5
    -2    -3    -4
    -3    -6     4
```

2)矩阵的乘法

乘法运算符:＊。

运算规则:按线性代数中矩阵乘法运算进行。

①两个矩阵相乘:

```
X=[2,3,4,5;1,2,2,1];
Y=[0,1,1;1,1,0;0,0,1;1,0,0];
Z=X*Y
Z=
        8   5   6
        3   3   3
```

②矩阵的数乘,简称数乘矩阵:

```
X=[2,3,4,5;1,2,2,1];
X=2*X
X=
        4   6   8   10
        2   4   4   2
```

③矩阵乘方:

运算符:ˆ。

运算规则:当 A 为方阵,P 为大于 0 的整数时,AˆP 表示 A 的 P 次方,即 A 自乘 P 次;P 为小于 0 的整数时,AˆP 表示 A^{-1} 的 $|P|$ 次方。

3)方阵的行列式

函数:det。

使用格式:d＝det(X)。

运算规则:返回方阵 X 的行列式的值。

```
A=[1,2,3;4,5,6;7,8,9]
A=
        1       2       3
        4       5       6
        7       8       9
D=det(A)
D =
        0
```

4)逆与伪逆

(1)逆。

函数:inv。

使用格式:Y＝inv(X)。

运算规则:该函数求方阵 X 的逆矩阵。若 X 为奇异阵(即不可逆)或近似奇异阵,将给出警告信息。

例如,求 $A=\begin{pmatrix} 1 & 2 & 3 \\ 2 & 2 & 1 \\ 3 & 4 & 3 \end{pmatrix}$ 的逆矩阵。

方法一:直接利用逆函数的命令来求结果。

```
A=[1,2,3; 2,2,1;3,4,3];
Y=inv(A)           %Y=A^(-1)
Y =
```

1.0000	3.0000	-2.0000
-1.5000	-3.0000	2.5000
1.0000	1.0000	-1.0000

方法二:构造矩阵 $B=(A \vdots E)=\begin{pmatrix} 1 & 2 & 3 & 1 & 0 & 0 \\ 2 & 2 & 1 & 0 & 1 & 0 \\ 3 & 4 & 3 & 0 & 0 & 1 \end{pmatrix}$,然后再进行初等变换,此时需要调

用 rref()函数把矩阵 B 化为行最简形,从而得到结果。

```
B=[1, 2, 3, 1, 0, 0; 2, 2, 1, 0, 1, 0; 3, 4, 3, 0, 0, 1];
C=rref(B)
C =
```

1.0000	0	0	1.0000	3.0000	-2.0000
0	1.0000	0	-1.5000	-3.0000	2.5000
0	0	1.0000	1.0000	1.0000	-1.0000

```
X=C(:,4:6)         %取矩阵 C 中的 B⁻¹ 部分
X =
```

1.0000	3.0000	-2.0000
-1.5000	-3.0000	2.5000
1.0000	1.0000	-1.0000

求逆矩阵时,要想得到更精确的结果,可以用有理数的格式输出结果。例如:

```
A=[2,1,-1;2,1,2;1,-1,1];
format rat        %用有理数的格式输出
D=inv(A)
D =
```

1/3	0	1/3
0	1/3	-2/3
-1/3	1/3	0

（2）伪逆。

函数:pinv。

使用格式:B=pinv(A)。

运算规则:求矩阵 A 的伪逆,其中 A 不一定是方阵。

例如,B=pinv(A, tol),其中 tol 为误差:max(size(A)) * norm(A) * eps。

说明:当矩阵为长方阵时,方程 AX=I 和 XA=I 至少有一个无解,这时 A 的伪逆能在某种程度上代表矩阵的逆,若 A 为非奇异矩阵,则 pinv(A)=inv(A)。例如:

```
A=magic(5);        %产生 5 阶魔方阵
A=A(:,1:4)         %取 5 阶魔方阵的前 4 列元素构成矩阵 A
A =
```

17	24	1	8
23	5	7	14
4	6	13	20
10	12	19	21

```
                    11      18      25      2
X=pinv(A)        %计算 A 的伪逆
X =
       -0.0041    0.0527    -0.0222    -0.0132    0.0069
       0.0437    -0.0363    0.0040     0.0033     0.0038
       -0.0305    0.0027    -0.0004    0.0068     0.0355
       0.0060    -0.0041    0.0314     0.0211    -0.0315
```

5)矩阵的秩

函数:rank。

使用格式:k=rank（A）。

运算规则:求矩阵 A 的秩。

12.6　解线性方程组

由线性代数知识可知,一个方程组可以用矩阵来表示,并且可以利用矩阵的初等变换来求解。MATLAB 以矩阵为基础,因此利用 MATLAB 能很快地求得方程组的解。下面介绍利用 MATLAB 来解方程组的理论知识及其过程。

12.6.1　方程组的矩阵形式

例 1　对于下面的方程组

$$\begin{cases} x_1 - x_2 + x_3 - 2x_4 = 2, \\ 2x_1 - x_3 + 4x_4 = 4, \\ 3x_1 + 2x_2 + x_3 = -1, \\ -x_1 + 2x_2 - x_3 + 2x_4 = -4, \end{cases}$$

其中 $\boldsymbol{A} = \begin{pmatrix} 1 & -1 & 1 & -2 \\ 2 & 0 & -1 & 4 \\ 3 & 2 & 1 & 0 \\ -1 & 2 & -1 & 2 \end{pmatrix}$, $\boldsymbol{X} = (x_1, x_2, x_3, x_4)'$, $\boldsymbol{B} = (2, 4, -1, -4)'$,则方程组可写成:

$$\boldsymbol{AX} = \boldsymbol{B}.$$

如果方程组的系数矩阵 $\boldsymbol{A}$ 满足 $\det(\boldsymbol{A}) \neq 0$,即 $\boldsymbol{A}$ 是可逆的,则有

$$\boldsymbol{X} = \boldsymbol{A}^{-1}\boldsymbol{B} = \boldsymbol{A} \backslash \boldsymbol{B}.$$

利用 MATLAB 求解方程的程序如下:

```
A=[1,-1, 1, -2;2, 0, -1, 4;3, 2, 1, 0;-1, 2, -1, 2];
B=[2, 4, -1, -4]';
det(A)
ans =
      -14
x=A\B
x =
      1.0000
```

```
        -2.0000
        -0.0000
        0.5000
```

可以验证,该结果就是方程组的解,并且是方程组的唯一解。

当方程组的系数矩阵 A 不可逆时,利用上述的方法解方程组计算机会发出警告,此时就算计算机有结果输出,其结果也是不可信的。可以用矩阵的广义逆(即伪逆)代替逆矩阵来求方程组的解,但需要验证解的正确性。

例 2　方程组的相关矩阵及求解过程如下:

```
A=[1,5,-1,-4;1,-2,1,3;3,8,-1,1;1,-9,3,7];B=[-1,3,1,7]';
det(A)
ans =
        0
X=A\B
Warning: Matrix is singular to working precision.
X=
        NaN
        NaN
        NaN
        NaN
p=pinv(A)*B   %通过求 A 的广义逆矩阵的方法,找到方程 AX=B 的一个解
p =
        1.5323
        -0.3548
        0.7581
        -0.0000
A*p     %验证结果的正确性
ans =
        -1.0000
        3.0000
        1.0000
        7.0000
```

用广义逆矩阵的方法求方程组只能得到近似解,但不一定是精确解,也可能无法求出解。例如:

方程 1:$\begin{cases} x_1+2x_2=4 \\ 2x_1+4x_2=3 \end{cases}$ 无解,而方程 2:$\begin{cases} x_1+2x_2=4 \\ 2x_1+4x_2=8 \end{cases}$ 有无穷多个解。

上述两个方程组的系数行列式都为 0,但无法通过广义逆矩阵求方程组的解。因为 MATLAB 无法判断解是否正确。一般来说,利用广义逆矩阵求方程组的解时最好检验解的正确性。

例 3　方程组的相关矩阵及求解过程如下:

```
A=[1,2;2,4];B=[4,0]';
X=A\B
Warning: Matrix is singular to working precision.
```

```
X =
    -Inf
    Inf
p=pinv(A)*B
p =
    0.1600
    0.3200
```

由此可知,利用广义逆矩阵的方法求上述方程组的解是不正确的。

由数学学科的知识可知,我们通过系数矩阵和增广矩阵的秩将线性方程的解分为两类:一类是方程有解,另一类是方程无解。方程组有解的情况下,又分为:一是方程组有唯一解即特解,二是方程组有无穷解即通解。求解线性方程组的理论基础如下:

设某一个线性方程组的系数矩阵为 A,增广矩阵为 C,则:

(1)如果 $r(A) \neq r(C)$,则方程组无解。

(2)如果 $r(A) = r(C)$,则方程组有解。

①若 $r(A) = r(C) = n$(n 为方程组中未知变量的个数),则方程组有唯一解;

②若 $r(A) = r(C) < n$,则方程组有无穷多个解。

而非齐次线性方程组的无穷解=对应的齐次线性方程组的通解+非齐次线性方程组的一个特解,其特解的求法属于第一类问题,通解部分属第二类问题。

因此,要求非齐次线性方程组的无穷解,必须先分别求出对应齐次线性方程组的通解和非齐次线性方程组的一个特解,两者相加即可得到非齐次线性方程组的全部解。

下面分别讨论如何求非齐次线性方程组的解。

12.6.2　求线性方程组的唯一解或特解(第一类问题)

下面通过例子来说明求方程组的唯一解或特解的方法。

1. 利用矩阵左除法求线性方程组的特解(或一个解)

设方程组为 $AX = B$,则方程组的解为 $X = A \backslash B$。

例 4　求方程组
$$\begin{cases} 5x_1 + 6x_2 & = 1, \\ x_1 + 5x_2 + 6x_3 & = 0, \\ x_2 + 5x_3 + 6x_4 & = 0, \text{的解。} \\ x_3 + 5x_4 + 6x_5 & = 0, \\ x_4 + 5x_5 & = 1 \end{cases}$$

解

```
A=[5,6,0,0,0; 1,5,6,0,0;0,1,5,6,0; 0,0,1,5,6;0,0,0,1,5];
B=[1,0 ,0 ,0 ,1]';
R_A=rank(A)    %求 A 的秩
R_A =
    5
X=A\B    %求解
R_A =
    5
```

```
X =
     2.2662
    -1.7218
     1.0571
    -0.5940
     0.3188
```

由于矩阵 A 是可逆的,上述得到的 X 就是方程组的解。

2. 利用函数 rref 求特解

```
C=[A,B]    %由系数矩阵和常数列构成增广矩阵 C
R=rref(C)
R =
     1.0000       0           0           0           0        2.2662
        0      1.0000         0           0           0       -1.7218
        0         0        1.0000         0           0        1.0571
        0         0           0        1.0000         0       -0.5940
        0         0           0           0        1.0000      0.3188
```

则计算机输出的 R 的最后一列元素就是所求的特解(左边部分是对角矩阵)。

例 5　求方程组 $\begin{cases} x_1+x_2-3x_3-x_4=1, \\ 3x_1-x_2-3x_3+4x_4=4, \\ x_1+5x_2-9x_3-8x_4=0 \end{cases}$ 的一个特解。

解

```
A=[1,1,-3,-1;3,-1,-3,4;1,5,-9,-8];
B=[1,4,0]';
X=A\B
Warning: Rank deficient, rank =2,  tol =    8.8373e-015.
X =
           0
           0
     -0.5333
      0.6000
```

注意:利用左除的方法求特解的过程中,如果出现警告信息,则得到的解一般是特解的近似值,不一定是精确解。要想得到精确的特解,可以用下面的方法,即用 rref 求解。

```
A=[1,1,-3,-1;3,-1,-3,4;1,5,-9,-8];
B=[1,4,0]';
C=[A,B];    %构成增广矩阵
R=rref(C)
R =
     1.0000       0       -1.5000      0.7500      1.2500
        0      1.0000     -1.5000     -1.7500     -0.2500
        0         0           0           0           0
```

由此得解向量 $X=[1.2500,-0.2500,0,0]'$，这样就得到方程组的一个特解，即上述矩阵 R 的最后一列（常数列）。此时要注意：要补充 0 的个数，使解分量的个数与未知数的个数相等。

12.6.3　求齐次线性方程组的通解（第二类问题）

在 MATLAB 中，函数 null()用来求解空间，即满足 $AX=0$ 的解空间，实际上是求出解空间的一组基，即基础解系。

使用格式：

```
z= null(A,'r')  %  z 的列向量是方程 AX= 0 的基础解系
```

例 6　解非齐次线性方程组
$$\begin{cases} x_1+5x_2-x_3-x_4=-1, \\ x_1-2x_2+x_3+3x_4=3, \\ 3x_1+8x_2-x_3+x_4=1, \\ x_1-9x_2+3x_3+7x_4=7. \end{cases}$$

解　利用行初等变换的方法求方程组的解，具体步骤如下：

$$(A \vdots B)=\begin{pmatrix} 1 & 5 & -1 & -1 & \vdots & -1 \\ 1 & -2 & 1 & 3 & \vdots & 3 \\ 3 & 8 & -1 & 1 & \vdots & 1 \\ 1 & -9 & 3 & 7 & \vdots & 7 \end{pmatrix} \xrightarrow[\substack{r_2+(-1)r_1 \\ r_3+(-3)r_1 \\ r_4+(-1)r_1}]{} \begin{pmatrix} 1 & 5 & -1 & -1 & \vdots & -1 \\ 0 & -7 & 2 & 4 & \vdots & 4 \\ 0 & -7 & 2 & 4 & \vdots & 4 \\ 0 & -14 & 4 & 8 & \vdots & 8 \end{pmatrix}$$

$$\xrightarrow[\substack{r_3+(-1)r_2 \\ r_4+(-2)r_2}]{} \begin{pmatrix} 1 & 5 & -1 & -1 & \vdots & -1 \\ 0 & -7 & 2 & 4 & \vdots & 4 \\ 0 & 0 & 0 & 0 & \vdots & 0 \\ 0 & 0 & 0 & 0 & \vdots & 0 \end{pmatrix} \xrightarrow[]{(-\frac{1}{7})r_2} \begin{pmatrix} 1 & 5 & -1 & -1 & \vdots & -1 \\ 0 & 1 & -\frac{2}{7} & -\frac{4}{7} & \vdots & -\frac{4}{7} \\ 0 & 0 & 0 & 0 & \vdots & 0 \\ 0 & 0 & 0 & 0 & \vdots & 0 \end{pmatrix}$$

$$\xrightarrow[]{r_1+(-5)r_2} \begin{pmatrix} 1 & 0 & \frac{3}{7} & \frac{13}{7} & \vdots & \frac{13}{7} \\ 0 & 1 & -\frac{2}{7} & -\frac{4}{7} & \vdots & -\frac{4}{7} \\ 0 & 0 & 0 & 0 & \vdots & 0 \\ 0 & 0 & 0 & 0 & \vdots & 0 \end{pmatrix}.$$

由最后一个矩阵知 $r(A)=r(A \vdots B)=2<n=4$，从而可知非齐次线性方程组有无穷多个解，并且其对应的方程组为：

$$\begin{cases} x_1+\dfrac{3}{7}x_3+\dfrac{13}{7}x_4=\dfrac{13}{7}, \\ x_2-\dfrac{2}{7}x_3-\dfrac{4}{7}x_4=-\dfrac{4}{7}, \end{cases}$$

其中，x_3,x_4 为自由变量，把自由变量移到方程组的右端，则上述方程组变形为

$$\begin{cases} x_1=\dfrac{13}{7}-\dfrac{3}{7}x_3-\dfrac{13}{7}x_4, \\ x_2=-\dfrac{4}{7}+\dfrac{2}{7}x_3+\dfrac{4}{7}x_4. \end{cases}$$

该方程组可改写为
$$\begin{cases} x_1 = \dfrac{13}{7} - \dfrac{3}{7}x_3 - \dfrac{13}{7}x_4, \\[2mm] x_2 = -\dfrac{4}{7} + \dfrac{2}{7}x_3 + \dfrac{4}{7}x_4, \\[2mm] x_3 = x_3, \\[2mm] x_4 = x_4, \end{cases}$$

即
$$\begin{pmatrix} x_1 \\ x_2 \\ x_3 \\ x_4 \end{pmatrix} = \begin{pmatrix} \dfrac{13}{7} \\ -\dfrac{4}{7} \\ 0 \\ 0 \end{pmatrix} + \begin{pmatrix} -\dfrac{3}{7} \\ \dfrac{2}{7} \\ 1 \\ 0 \end{pmatrix} x_3 + \begin{pmatrix} -\dfrac{13}{7} \\ \dfrac{4}{7} \\ 0 \\ 1 \end{pmatrix} x_4.$$

因为 x_3, x_4 是自由变量，可以取任意的常数，故令 x_3, x_4 分别取 c_1, c_2，于是得方程组的全部解为

$$\boldsymbol{X} = c_1\boldsymbol{\beta}_1 + c_2\boldsymbol{\beta}_2 + \boldsymbol{\beta}_0 = c_1 \begin{pmatrix} -\dfrac{3}{7} \\ \dfrac{2}{7} \\ 1 \\ 0 \end{pmatrix} + c_2 \begin{pmatrix} -\dfrac{13}{7} \\ \dfrac{4}{7} \\ 0 \\ 1 \end{pmatrix} + \begin{pmatrix} \dfrac{13}{7} \\ -\dfrac{4}{7} \\ 0 \\ 0 \end{pmatrix}, 其中 c_1, c_2 为常数。$$

其中方程组的基础解系为 $\boldsymbol{\beta}_1 = \begin{pmatrix} -\dfrac{3}{7} \\ \dfrac{2}{7} \\ 1 \\ 0 \end{pmatrix}$, $\boldsymbol{\beta}_2 = \begin{pmatrix} -\dfrac{13}{7} \\ \dfrac{4}{7} \\ 0 \\ 1 \end{pmatrix}$，方程组的一个解为 $\boldsymbol{\beta}_0 = \begin{pmatrix} \dfrac{13}{7} \\ -\dfrac{4}{7} \\ 0 \\ 0 \end{pmatrix}$。

例 7　求解方程组 $\begin{cases} x_1 + 2x_2 + 2x_3 + x_4 = 0, \\ 2x_1 + x_2 - 2x_3 - 2x_4 = 0, \\ x_1 - x_2 - 4x_3 - 3x_4 = 0 \end{cases}$ 的通解。

解

```
A= [1,2,2,1;2,1,-2,-2;1,-1,-4,-3];
format   rat     %指定有理数格式输出
D=null(A,'r')      %求解空间的有理基
D=
     2            5/3
    -2           -4/3
     1            0
     0            1
```

或通过化为行最简形得到基：
```
D=rref(A)
```

```
D=
     1.0000          0      -2.0000     -1.6667
          0     1.0000       2.0000      1.3333
          0          0            0           0
```

即可写出其基础解系(与上面求得的结果一致,要补全变量)。

12.6.4　求非齐次线性方程组的通解

非齐次线性方程组需要先判断方程组是否有解,若有解,再去求通解。因此,求解的步骤为:

第一步:判断 $AX = B$ 是否有解,若有解则进行第二步;如果没有解,结束求解。

第二步:求 $AX = B$ 的一个特解。

第三步:求 $AX = 0$ 的通解。

第四步:非齐次方程 $AX = B$ 的通解 ＝ 齐次方程 $AX = 0$ 的通解 ＋ 非齐次方程 $AX = B$ 的一个特解。

例 8　求解方程组 $\begin{cases} x_1 - 2x_2 + 3x_3 - x_4 = 1, \\ 3x_1 - x_2 + 5x_3 - 3x_4 = 2, \\ 2x_1 + x_2 + 2x_3 - 2x_4 = 3. \end{cases}$

解　在 MATLAB 中建立 M 文件如下:

```
A=[1,-2,3,-1; 3,-1,5,-3; 2,1,2,-2];
B=[1,2,3]';
C=[A,B];
n=4;
R_A=rank(A)
R_C=rank(C)
format rat
if R_A==R_C  &  R_A==n      %判断有唯一解
    X=A\B
elseif R_A==R_C  &  R_A<n    %判断有无穷解
    X=A\B                    %求特解
    D=null(A,'r')            %求 AX=0 的基础解系
else X='equition no solve'   %判断无解
    end
```

运行后结果显示:

```
R_A =
     2
R_C =
     3
X =
equition no solve
```

说明该方程组无解。

例 9　求方程组 $\begin{cases} x_1 + x_2 - 3x_3 - x_4 = 1, \\ 3x_1 - x_2 - 3x_3 + 4x_4 = 4, \text{的通解。} \\ x_1 + 5x_2 - 9x_3 - 8x_4 = 0 \end{cases}$

解法一:在 MATLAB 编辑器中建立 M 文件如下:

```
A=[1,1,-3 ,-1;3,-1,-3,4;1,5,-9,-8];
B=[1,4,0]';
C=[A,B];
n=4;
R_A=rank(A)
R_C=rank(C)
format rat
if R_A==R_C  &  R_A==n
    X=A\B
elseif R_A==R_C  &  R_A<n
    X=A\B
    D=null(A,'r')
else X='Equation has no solves'
end
```

运行后结果显示为:

```
R_A =
      2
R_C =
      2
Warning: Rank deficient, rank =2  tol =    8.8373e-015.
In D:\Matlab\pujun\lx0723.m at line 11
X =
      0
      0
    -8/15
    3/5
D =
    3/2         -3/4
    3/2          7/4
    1            0
    0            1
```

所以原方程组的通解为:

$$\boldsymbol{x}=k_1\begin{pmatrix}3/2\\3/2\\1\\0\end{pmatrix}+k_2\begin{pmatrix}-3/4\\7/4\\0\\1\end{pmatrix}+\begin{pmatrix}0\\0\\-8/15\\3/5\end{pmatrix}.$$

解法二:直接用函数 rref() 求解。

```
A=[1   1   -3   -1;3   -1   -3   4;1   5   -9   -8];
B=[1 4 0]';
C=[A B];
D=rref(C)     %求增广矩阵的行最简形,可得方程组的解。
```

运行后结果显示为:

D =

1	0	-3/2	3/4	5/4
0	1	-3/2	-7/4	-1/4
0	0	0	0	0

则对应齐次方程组的基础解系为 $\boldsymbol{\xi}_1 = \begin{pmatrix} 3/2 \\ 3/2 \\ 1 \\ 0 \end{pmatrix}, \boldsymbol{\xi}_2 = \begin{pmatrix} -3/4 \\ 7/4 \\ 0 \\ 1 \end{pmatrix}$；非齐次方程组的特解为

$$\boldsymbol{\eta}^* = \begin{pmatrix} 5/4 \\ -1/4 \\ 0 \\ 0 \end{pmatrix}。$$

所以,原方程组的通解为:

$$\boldsymbol{x} = k_1 \boldsymbol{\xi}_1 + k_2 \boldsymbol{\xi}_2 + \boldsymbol{\eta}^*.$$

12.7 画　　图

MATLAB 被广泛接受的一个重要原因是它提供了方便、丰富并且很强大的图形处理功能,它提供了大量的二维、三维图形函数。由于系统采用面向对象的技术和丰富的矩阵运算,所以在图形处理方面既方便又高效。下面先看一个画图的例子。

例 10　用图形表示连续调制波形图 $y = \sin(t) \cdot \sin(9t)$。

```
t1=(0:11)/11*pi;  y1=sin(t1).*sin(9*t1);
t2=(0:100)/100*pi;
y2=sin(t2).*sin(9*t2);
subplot(2,2,1),plot(t1,y1, 'k'),axis([0,pi,-1,1])
subplot(2,2,2),plot(t2,y2, 'k'),axis([0,pi,-1,1])
subplot(2,2,3),plot(t1,y1, 'k',t1,y1, 'k')    %此命令重复画两次图形
axis([0,pi,-1,1]),
subplot(2,2,4),plot(t2,y2, 'k')
axis([0,pi,-1,1])
```

上述程序画出的图像如图 12-2 所示。

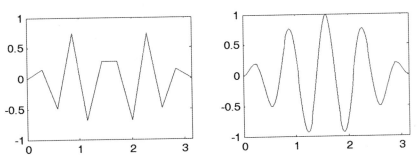

图 12-2　划分子图窗口

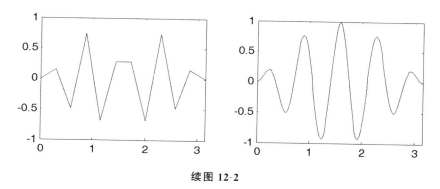

续图 12-2

下面分别针对二维、三维的函数,讲述画图的过程和相应的步骤。

12.7.1　绘制二维图形的一般步骤

利用 MATLAB 来画二维图形,其一般步骤如表 12-6 所示。

表 12-6　绘制二维图形的步骤

	步　　骤	典 型 指 令

1	数据准备:(基本绘图步骤)
	• 选定所要画图的范围;
	• 产生自变量采样的向量;
	• 计算相应的函数值向量
		假如 t 的取值范围是 $(0,\pi)$,则
		t = pi * (0:100)/100;
		y = sin(t). * sin(9 * t);

2	• 选定图形窗及子图位置(图形较多情况下使用); • 缺省时,打开 figureN.1,或当前窗,或当前子图; • 可用指令指定图形窗号或子图号	figure(1)　　%指定 1 号图形窗 subplot(2,2,3)　　%指定 3 号子图 在分窗口中,如果想回到只有一个大窗口的情况,使用命令 subplot(1,1,1),或把原来分窗口关闭
3	调用(高层)绘画指令:(基本绘图步骤) 可以设置线型、色彩、数据点形、点的大小、线的宽度等	plot(t,y,'b−')　　%画蓝色的实曲线
4	设置轴的范围与刻度、坐标分格线	axis([0,pi,−1,1])　　%设置轴的范围 grid on　　%画坐标分格线
5	图形注释: 根据图形的复杂程度编制的图名、坐标名、图例、文字说明	title('调制波形')　　%图名为调制波形 xlabel('t');ylabel('y')　　%轴名为 t,y legend('sin(t)','sin(t)sin(9t)')　　%图例 text(2,0.5,'y＝sin(t)sin(9t)')　%文字标注在坐标(2,0.5)处标上 y＝sin(t)sin(9t)
6	图形的精细修饰(图柄操作): • 利用对象属性值设置; • 利用图形窗工具条进行	set(h,'marksize',10)　　%设置数据点的大小,h 为图形句柄

续表

步　　骤	典　型　指　令
7	打印： • 利用图形窗上的直接打印选项或按键； • 利用图形后处理软件打印	采用图形窗选项或按键最简捷； print-dps2　％专业质量打印指令

12.7.2　绘制二维曲线的基本操作

本节介绍利用命令 plot 来画二维曲线的相关操作。

1. plot$(X,'s')$

①X 为实向量时，以该向量元素的下标为横坐标、以向量值为纵坐标画出一条连续曲线。

②X 为实矩阵时，按列绘制每列元素值相对其下标的曲线，图中曲线数等于 X 矩阵列数。

③X 为复数矩阵时，按列分别以元素实部和虚部为横、纵坐标绘制多条曲线。

④$'s'$是用来指定线型、色彩、数据点形的选项字符串。缺省时的线型、线色彩将由 MATLAB 的默认设置确定。

2. plot$(X,Y,'s')$

①X、Y 是同维向量时，绘制以 X、Y 元素为横、纵坐标的曲线。

②X 是向量，Y 是有一维与 X 等维的矩阵时，绘制出多条不同色彩的曲线，曲线数等于 Y 的另一维数，X 被作为这些曲线的共同横坐标。

③X 是矩阵，Y 为向量，情况与上相同，只是曲线都是以 Y 为共同坐标。

④X、Y 是同维矩阵时，以 X、Y 对应列元素为横、纵坐标分别绘制的曲线，曲线条数等于矩阵的列数。

⑤$'s'$的意义，与 plot$(X,'s')$格式中的意义相同。

3. splot$(X1,Y1,'s',X2,Y2,'s2',\cdots)$

在此格式中，每个绘线三元组$(Xi,Yi,'s')$的结构和作用，与 plot$(X,Y,'s')$的相同，不同的是三元组之间没有约束关系。

例 11　绘制二维曲线：

```
t=(0:pi/50:2*pi)';k=0.4:0.1:1;y=cos(t)*k;plot(t,y)   ％k 的列数是曲线的条数
```

或用

```
t=[0:pi/50:2*pi]';
```

例 12　用图形表示连续曲线调制波形 $y=\sin(t)\sin(9t)$ 及其包络线。

```
t=(0:pi/100:pi)';        ％长度为 101 的时间采样列向量
y1=sin(t)*[1,-1];        ％包络线函数值，是 101×2 的矩阵
y2=sin(t).*sin(9*t);     ％长度为 101 的调制波列向量
t3=pi*(0:9)/9;
```

```
y3=sin(t3).*sin(9*t3);
axis([0,pi,-1,1]);          %控制轴的范围
plot(t,y1,'k:',t,y2,'k',t3,y3,'k>')
```

画出的图形如图 12-3 所示。

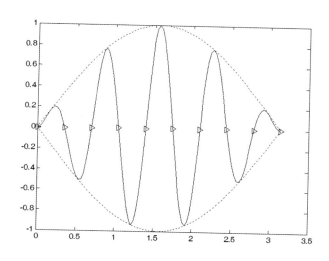

图 12-3　调制波形及其包络线

注意：

(1)y2 采用了"数组乘"运算符,大大简化和加速了函数值向量 y2 的计算。

如果不用"数组乘",那么计算机就不得不依靠低效的"循环"过程去计算函数值向量 y2,此时计算机认为是错的。

(2)plot 命令中包含了三个绘画"三元组"。第 1 个"三元组"画出一根红虚线,第 2 个"三元组"画出一根蓝实线,第 3 个"三元组"则用蓝圈画出孤立的数据点。

例 13　用模型 $\dfrac{x^2}{a^2}+\dfrac{y^2}{25-a^2}=1$ 画一组椭圆。

```
th=[0:pi/50:2*pi]';
a=[0.5:.5:4.5];
X=cos(th)*a;
Y=sin(th)*sqrt(25-a.^2);
plot(X,Y),
axis('equal'),
xlabel('x'),ylabel('y'),
title('A setof Ellpses')      %标标题
legend({'1','2','3'})          %标图例
```

其中：

```
legend({'1';'2';'3'})=legend({'1','2','3'})      %标三个图的图例
legend(['1','2','3'])                            %标一个图的图例
```

画出的图形略。

12.7.3　曲线的色彩、线型和数据点形

1. 色彩和线型

图形色彩和线型的允许设置值如表 12-7 所示。

表 12-7　图形色彩和线型的允许设置值

线型	符号	—		:		—.		——	
	含义	实线		虚线		点划线		双划线	
色彩	符号	b	g	r	c	m	y	k	w
	含义	蓝	绿	红	青	品红	黄	黑	白

注意：

（1）当指令 plot 输入的 s 由线型符、色彩符各选一个符号组合而成时，plot 指令就使用该选定的线型，从"微观上"把那些给定的离散数据逐个用选定的线连接，生成"宏观上"的曲线。

（2）当 plot 指令中没有输入 s 时，plot 将使用缺省设置绘制曲线。MATLAB 的所谓"厂家"设置是：

①曲线一律用"实线"线型。

②不同曲线将按表 12-7 所给的前 7 种颜色顺次着色，依次为蓝、绿、红、青、品红、黄、黑。

2. 数据点形

图形数据点形的允许设置值如表 12-8 所示。

表 12-8　图形数据点形的允许设置值

符　号	含　　义	符　号	含　　义
.	实心黑点	d	菱形符
+	十字符	h	六角星符
*	八线符	o	空心圆圈
ˆ	朝上三角符	p	五角星符
<	朝左三角符	s	方块符
>	朝右三角符	x	叉字符
v	朝下三角符		

为了更好地显示图形各方面的特征，在画图过程中除了设置图的点形、线型和颜色之外，还可以对坐标轴进行设置。

3. 常用坐标控制指令

常用坐标控制指令如表 12-9 所示。

表 12-9　常用坐标控制指令

| 坐标轴控制方式、取向和范围 | | 坐标轴的高度比 | |
指　　令	含　　义	指　　令	含　　义
axis auto	使用缺省设置	axis equal $=$ axis('equal')	纵、横轴采用的刻度单位一样,但长度不一定相等
axis manual	使当前坐标范围不变	axis fill	在 manual 方式下起作用,使坐标充满整个绘图区
axis off	取消轴背景	axis image	纵、横轴采用等长刻度,且坐标框紧贴数据范围,刻度单位不一定相同
axis on	使用轴背景	axis normal	缺省矩形坐标系,默认窗口
axis ij	矩阵式坐标,原点在左上方	axis square	产生正方形坐标系
axis xy	普通直角坐标,原点在左上方	axis tight	把数据范围直接设为坐标范围
axis (V) $V=[x1,x2,y1,y2]$; $V=[x1,x2,y1,y2,z1,z2]$;	人工设定坐标范围。二维,4 个;三维,6 个	axis vis3d	保持高宽比不变,用于三维旋转时避免图形大小变化

说明:

坐标范围设定向量 V 中的元素必须服从 $x1<x2,y1<y2,z1<z2$ 等,元素允许取 inf 或 $-$inf,那意味着上限或下限是自动产生的,即坐标范围"半自动"确定

下面通过例子来说明。

例 14　画长轴为 3.25、短轴为 1.15 的椭圆。

```
t=0:2*pi/99:2*pi;
x=1.15* cos(t);y=3.25*sin(t);   %y 为长轴,x 为短轴,曲线用参数方程表示
subplot(2,3,1),plot(x,y,'k'),axis normal,grid on,
title('Normal and Grid on'),
subplot(2,3,2),plot(x,y ,'k'),axis equal,grid on,title('Equal'),
subplot(2,3,3),plot(x,y ,'k'),axis square,grid on,title('Square'),
subplot(2,3,4),plot(x,y ,'k'),axis image,box off,title('Image and Box off'),
subplot(2,3,5),plot(x,y ,'k'),axis image fill,box off,title('Image and fll'),
subplot(2,3,6),plot(x,y ,'k'),axis tight,box off,title('Tight')
```

结果如图 12-4 所示。

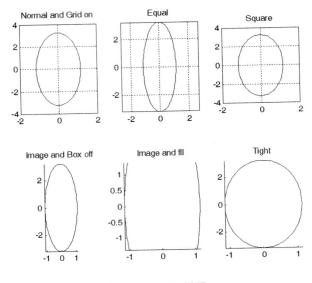

图 12-4　绘制椭圆

4.刻度、分格线和坐标框

(1)刻度设置:

```
set(gca,'Xtick',xs,'Ytick',ys)        %二维坐标刻度设置
set(gca,'Xtick',xs,'Ytick',ys,'Ztick',zs,)     %三维坐标刻度设置
```

其中:xs ,ys, zs 可以是任何合法的实数向量,它们分别决定 x,y,z 轴的刻度。

例如:

```
x=0:0.01:4*pi; y=sin(x);plot(x,y,'k')
xs=[0:pi:4*pi];ys=[- 1:0.5:1];
set(gca,'Xtick',xs,'Ytick',ys)
```

结果显示如图 12-5 所示。

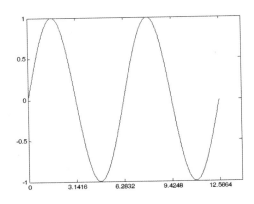

图 12-5　刻度设置效果

(2)分格线:

grid　　　　　是否画出分格线的双向切换指令。

grid on　　　　画出分格线。

grid off 　　　不画出分格线,MATLAB 的缺省设置是不画分格线的。

(3)坐标框(对于三维图形):

box 　　　　　坐标形式在封闭式和开启式之间切换指令。

box on 　　　使当前坐标呈封闭形式。

box off 　　　使当前坐标呈开启形式。

5.图形标识

1)简捷指令形式

　　title('s') 　　　　　　　图名为 s。

　　xlabel('s') 　　　　　　横坐标轴名为 s。

　　ylabel('s') 　　　　　　纵坐标轴名为 s。

　　legend(s1,s2,…) 　　绘图曲线所用的线型、色彩或数据点形的图例。

　　text(xt,yt,'s') 　　　　在图上坐标为(xt,yt)处,书写上字符注释 s。

2)精细指令形式

　　MATLAB 中所有涉及图形字符串标识指令,如 title,xlabel,ylabel,legend,text 等都能对字符标识进行更精细的控制,如表 12-10 所示。

　　另外,还允许对标识字体、风格及大小进行设置,允许使用上、下标,允许标识希腊字符和其他特殊字符。

表 12-10　字符串的设置

	示 例 指 令	效 果
单行	'Single　line'	Single　line
	{'元胞数组','标识','Mulitiline'}	'元胞数组'　'标识'　'Mulitiline'
	['元胞数组','标识','Mulitiline']	元胞数组标识 Mulitiline
多行	['元　胞　数　组';'标　识';'Mulitiline']	元　胞　数　组 标　识 Mulitiline
	{'元胞数组';'标识';'Mulitiline'}	'元胞数组' '标识' 'Mulitiline'

6.多次叠绘、多子图

1)多次叠绘

　　plot 命令拥有在同一次调用中画多条曲线的功能,而实际应用中,还会遇到在已经存在的图上再绘制一条或多条曲线的情况。其中:

　　hold on 　　使当前轴及图形保持而不被刷新,准备接受此后将绘制的新曲线,即加图命令。

　　hold off 　　使当前轴及图形不再具备不被刷新的性质,即不再加图命令。

　　hold 　　　当前图形是否具备不被刷新的双向切换开关。

　　例如,利用 hold 绘制离散信号通过零阶保持器后产生的波形,如图 12-6 所示。

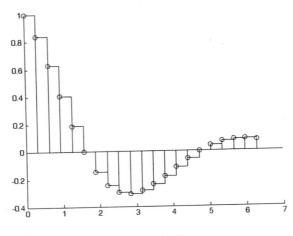

图 12-6　波形

```
t=2*pi*(0:20)/20;
y=cos(t).*exp(-0.4*t);
stem(t,y,'k');hold on;        %画二维杆图
stairs(t,y,'k'),hold off;     %画阶梯图
```

2)多子图

MATLAB 允许用户在同一个图形窗里布置几幅独立的子图。

```
subplot(m,n,k)        %使 m×n 幅子图中的第 k 幅成为当前子图
subplot('position',[left  bottom  width  height])
                %在指定位置上开辟子图,并成为当前子图
```

注意:

①subplot(m,n,k)的含义是:图形窗中将有 m×n 幅子图,k 是子图的编号。子图的序号编排原则是:左上方为第 1 幅,从左向右,从上到下依次编号。该指令形式产生的子图分割完全按缺省值自动进行。

②subplot('position',[left bottom width height])产生的子图位置由人工指定,指定位置的 4 元组采用归一化的标称单位,即认为图形窗的宽、高的取值范围都是[0,1],而左下角为(0,0)坐标。

③在使用 subplot 之后,如果再想画整窗的独幅图,那么应先使用 clf 清除图形窗命令,或者把子图窗口关闭,再重新画图。

例如:

```
clf;t=(pi*(0:1000)/1000)';
y1=sin(t);y2=sin(10*t);
y12=sin(t).*sin(10*t);
subplot(2,2,1),plot(t,y1,'k');axis([0,pi,-1,1]),
subplot(2,2,2),plot(t,y2,'k');axis([0,pi,-1,1]),
subplot('position',[0.2,0.05,0.6,0.45]),
plot(t,y12,'-k',t,[y1,-y1],'k:');axis([0,pi,-1,1])
```

结果图形如图 12-7 所示,改变第 6 行中第二组参数,会得到不同的图形。

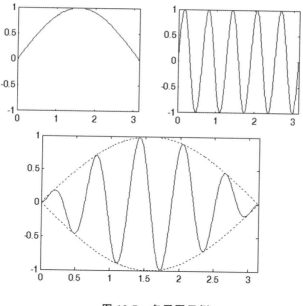

图 12-7 多子图示例

7. 交互式图形指令

交互式图形指令就是与鼠标有关的图形操作指令,有 ginput、gtext、legend、zoom。

ginput 只能用于二维图形。ginput 与 zoom 经常配合使用,以便从图形中获得较准确的数据。

若同时使用几个交互指令(ginput 和 zoom 配合外),有时可能引起图形混乱,因此应尽可能避免几个交互指令同时运作。

(1)ginput:

使用格式:[x,y]=ginput(n)。

功能:用鼠标从二维图形上获取 n 个点的数据坐标(x,y)。

具体操作方法:该指令运作后,系统会把当前图形从后台调到前台,同时鼠标光标变成十字叉;可以移动鼠标,使十字叉移到待取坐标的点;点鼠标左键,便得到该点的数据(坐标),此后,用同样的方法,获取其他点的数据;当 n 个点的数据全部取到后,图形窗便退回后台,机器回到 ginput 执行前的环境,即可得到所取点的坐标。

也可用图形窗口中的工具点按钮 取点的坐标,点该按纽后,把光标移到要取点的位置,点鼠标左键,就会在图形上显示该点的坐标。但用此工具按纽,只能得到一个点的坐标,如果想再取一点,则前一个点的坐标不能再显示。

(2)gtext:

使用格式:gtext('arg')。

功能:用鼠标把字符串或字符串元胞数组 agr 放置到图形上。

具体操作方法:该指令运作后,系统会把当前图形窗自动由后台转到前台,同时鼠标光标变成十字叉;可以移动鼠标,使十字叉移到希望放置的位置;点鼠标右键,arg 所承载的字符将被放在紧靠十字叉的位置。

（3）legend：

使用格式：legend（'图例 arg'，pos）。

功能：在指定位置建立图例，图例可以由几个字符串组成。图例的字符数最多不能超过曲线总数，如果图例数比曲线总数少的话，则系统用图例表示第 1 条、第 2 条、第 3 条曲线等。

使用命令 legend off，可以擦除当前图上的图例。

注意：

①输入宗量 arg 是图例中的文字注释，例如要为 2 条曲线创建图例，那么 arg 有以下几种合法格式，如表 12-11 所示。

表 12-11 输入宗量 arg 的格式

目的	arg 的合法格式		
两条曲线图例	'AAA'，'BBBBB'	['AAA'；'BBBBB']	{'AAA'，'BBBBB'} {'AAA'；'BBBBB'}

②输入宗量 pos 是图例在图上位置的指定符，如表 12-12 所示。

表 12-12 图例的位置

pos	0	1	2	3	4	−1
图例范围	自动取最佳位	右上角 （缺省值）	左上角	左下角	右下角	图右侧

例如：

```
legend('图例 arg',4)
legend('图例 arg',3)
legend('图例 arg',-1)
```

③legend 在图形窗中产生后，可以用鼠标对其进行拖拉操作。把鼠标移到图例上，按住鼠标左键；图例将随鼠标移动，直到满意位置；放开按键便完成操作。

12.7.4 绘制三维图形的一般步骤

绘制三维图形的步骤与二维的类似，如表 12-13 所示。

表 12-13 绘制三维图形的步骤

	步骤	典型指令
1	（la）三维曲线数据准备：（基本绘图步骤） • 先取一个参变量采样向量； • 然后计算各坐标数据向量	（如果没有参数，则直接计算 x，y 的向量） $t=pi*(0:100)/100$； $x=f1(t)$；$y=f2(t)$；$z=f3(t)$；
	（lb）三维曲面数据准备：（基本绘图步骤） • 产生自变量采样向量； • 由自变量向量产生自变量"格点"矩阵； • 计算自变量"格点"矩阵相应的函数值矩阵	$x=x1:dx:x2$；$y=y1:dy:y2$； $[X,Y]=meshgrid(x,y)$； $Z=f(X,Y)$；

续表

步　　骤	典 型 指 令
2	选定图形窗及子图位置(图形较多情况下使用)； • 缺省时,打开 figureN.1,或当前窗,或当前子图； • 可用指令指定图形窗号或子图号	figure(1)％指定 1 号图形窗 subplot(2,2,3)％指定 3 号子图
3	(3a)调用三维曲线绘画指令:(基本绘图步骤) 线型、线的色彩、数据点形	plot3(x,y,z,′b-′) ％用蓝色实线画曲线
	(3b)调用三维曲面绘图指令:(基本绘图步骤)	mesh(X,Y,Z)
4	设置轴的范围与刻度、坐标分格线	axis([x1,x2,y1,y2,z1,z2]) grid on　％画坐标分格线
5	图形注释:图名、坐标名、图例、文字说明	title ;xlabel; ylabel; legend text(x0,y,′字符串′)
6	着色、明暗、灯光、材质处理	colormap, shading, light, material
7	视点、三度(横、纵、高)比	view, aspect
8	图形的精细修饰(图柄操作): • 利用对象属性值设置； • 利用图形窗工具条进行	get, set
9	打印	

12.7.5　三维图形的基本操作

1. 三维线图指令 plot3

使用格式:plot3(X,Y,Z,′s′)

　　　　 plot3(X1,Y1,Z1,′s1′,X2,Y2,Z2,′s2′,…)

注意:

(1)X,Y,Z 是同维向量时,绘制以 X,Y,Z 元素为 x,y,z 坐标的三维曲线。

(2)X,Y,Z 是同维矩阵时,以 X,Y,Z 对应列元素为 x,y,z 坐标分别绘制曲线,曲线条数等于矩阵的列数。

(3)s,s1,s2 是用来指定线型、色彩、数据点形的选项字符串。

(4)绘图"四元组"(X1,Y1,Z1,′s1′)(X2,Y2,Z2,′s2′)的结构和作用,与(X,Y,Z,′s′)相同。不同的"四元组"之间没约束关系。

例如:

```
t= (0:0.02:2)*pi;x= sin(t);y= cos(t);z= cos(2*t);
plot3(x,y,z,'k-',x,y,z,'kd'),view([-82,58]),box on,legend('链','宝石')
```

图形如图 12-8 所示。

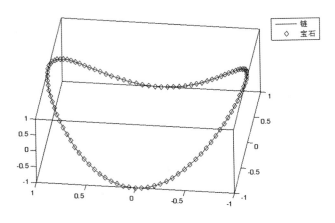

图 12-8　曲线图

2. 三维网线图和曲面图

三维网线图和曲面图的绘制比线图复杂,主要表现在绘图数据的准备及三维图形的色彩、明暗、光照和视点处理上。

下面讲述画函数 $z = f(x, y)$ 所代表的三维空间曲面的步骤和相关命令。

(1)三维图形的数据准备。

画三维图形需要做以下的数据准备:

①确定自变量 x,y 的取值范围和取值间隔:

```
x=x1:dx:x2;y=y1:dy:y2;
```

②构成 x-y 平面上的自变量采样"格点"矩阵:

```
x=x1:dx:x2;y=y1:dy:y2;
[X,Y]=meshgrid(x,y)
```

③计算在自变量采样"格点"上的函数值,即 Z=f(X,Y)。

(2)网线图、曲面图基本指令格式:

mesh(Z)	以 Z 矩阵的列、行下标为 x,y 轴自变量,画网线图。
mesh(X,Y,Z)	最常用的网线图调用格式。
mesh(X,Y,Z,C)	最完整调用格式,画由 C 指定用色的网线图。
surf(Z)	以 Z 矩阵的列、行下标为 x,y 轴自变量,画曲面图。
surf(X,Y,Z)	最常用的曲面图调用格式。
surf(X,Y,Z,C)	最完整调用格式,画由 C 指定用色的曲面图。

注意:

①在最完整调用格式中的 4 个输入宗量都是维数相同的矩阵,X、Y 是自变量"格点"矩阵;Z 是格点上的函数矩阵;C 是指定各点用色的矩阵,C 可以缺省。C 缺省时,默认用色矩阵是 Z,即认为 C=Z。

②采用单输入宗量格式绘图时,把 Z 矩阵的列下标当成 x 坐标轴的"自变量",把 Z 的行下标当成 y 坐标轴的"自变量"。

例 15　画函数 $z = x^2 + y^2$ 的曲面图。

```
clf;x=-4:4;y=x;
[X,Y]=meshgrid(x,y);Z=X.^2+Y.^2;
surf(X,Y,Z)                    %画曲面图
```

或

```
mesh(X,Y,Z)          %画网线图
```

图像如图 12-9 所示。

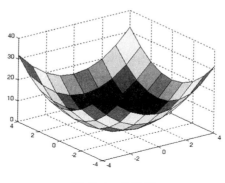

图 12-9　曲面图

12.8　流程控制和 M 文件

每一种编程语言都有各自控制程序的结构,下面分别讨论。

12.8.1　MATLAB 流程控制

MATLAB 提供了多种控制程序的结构:for 循环结构、while 循环结构、if⋯else⋯end 分支结构、switch⋯case 结构,以及 try⋯catch 结构等。

1. for 循环结构

for 循环结构的语法形式为:

```
for     变量 x =数组
            循环体
end
```

for 指令后的变量 x 称为循环变量,而 for 与 end 之间的组命令称为循环体。该循环体被重复执行的次数是确定的,次数由 for 指令后面数组的列数决定。换言之,循环变量依次取数组的各列,对于每个变量值,循环体被执行一次。

例 16　for 循环结构示例。

```
for i=1:100;          %i 依次取 1,2,⋯,100
    x(i)=i;           %对每个 i 值,重复执行由该指令构成的循环体
end;
x                     %要求显示运行后的数组 x 的值
```

说明:

①循环体不会因为循环体内对循环变量重新赋值而中断;

②在 for 后面表达式中的数组可以为任何合法的 MATLAB 数组;

③循环结构可以嵌套使用;

④为了得到高效代码,应尽量提高代码的向量化程度(例如"点"运算),而避免使用循环结构,并建议在循环指令之前尽量对数组进行预定义(或定义初值)。

2. while 循环结构

while 循环结构的语法形式为：

```
while    判断条件
        循环体
end
```

说明：在 while 和 end 之间的组命令称为循环体。当 MATLAB 碰到 while 结构时，首先检测判断条件的值，如果其值为逻辑真，则执行组命令；当组命令执行完毕，继续检测判断条件的值，如果判断条件的值还为真，循环执行组命令；而一旦判断条件的值为假，结束循环。但循环可能是死循环，但这种情况应该尽量避免出现。

注意：while 循环是先判断，再执行循环体，但循环次数不定，原因在于判断条件不一定得到满足。

例 17　一数组满足规则 $a_{k+2}=a_k+a_{k+1}(k=1,2,3,\cdots)$ 且 $a_1=a_2=1$。现要求该数组中第一个大于 10000 的元素。

可以用如下程序代码实现：

```
a(1)=1;a(2)=1; i=2;
while a(i)<10000
    a(i+1)=a(i-1)+a(i);
    i=i+1;
end;
i,a(i),
```

说明：

(1)while 循环和 for 循环的区别在于：while 循环结构的循环体被执行的次数不是确定的，而 for 结构中的循环体的执行次数是确定的，就是数组的元素个数。

(2)一般情况下，判断条件的值都是逻辑值，但是 MATLAB 允许它是一个数组，此时只有当该数组所有元素均为真时，MATLAB 才会执行循环体。

(3)如果 while 指令后的判断条件为空数组，则 MATLAB 认为判断条件的值为假，而不执行循环体。

例 18　求在 1～1000 以内最大的 7 的倍数。

可以用如下的程序代码实现：

```
x(1)=7;i=1;
while   x(i)<1000
    x(i+1)=x(i)+7;
    i=i+1;
end
i-1,x(i-1)
```

3. if…else…end 分支结构

(1)最简单的语法形式为：

```
if      判断条件
        语句组
end
```

说明:首先对判断条件进行判断,如果判断条件为逻辑真,则执行一次语句组,结束此结构,否则跳过该结构,执行该结构下面的语句。如果判断条件为一个空数组,MATLAB 认为条件为假。

(2)如果有两种选择,采用下面的结构:

```
if    判断条件
        语句组 1
else
        语句组 2
end
```

说明:首先对判断条件进行判断,如果判断条件为逻辑真,执行语句组 1,结束此结构,否则执行语句组 2,结束此结构,执行该结构下面的语句。

(3)如果有多于两个选择项,采用下面的结构:

```
if  判断条件 1
        语句组 1
elseif    判断条件 2
        语句组 2
else
        语句组 3      %当前面所有判断条件均为假时,执行语句组 3
end
```

注意:

(1)判断条件有时可由多个逻辑表达式组成,MATLAB 将尽可能少地检测这些子判断条件的值。例如,表达式为(子判断条件 1|子判断条件 2),当 MATLAB 检测到子判断条件 1 的值为真时,它就认为判断条件的值为真,而不再对子判断条件 2 进行检测。

又如,判断条件为(子判断条件 1&子判断条件 2),当 MATLAB 检测到子判断条件 1 的值为假时,它就认为判断条件的值为假,从而跳过该结构。

(2)if 指令和 break 指令配合使用,可以强制终止它所在的 for 循环或 while 循环。

例 19　折扣问题。

```
cost=10; number=12;
if number>8
    sums=number*0.95*cost;
end
sums
```

例 20　用 for 循环来求例 17 所示数组中第一个大于 10000 的元素。

程序如下:

```
n=100;a=ones(1,n); a(1)=1;a(2)=1;
for i=3:n
    a(i)=a(i-1)+a(i-2);
    if a(i)>=10000
        a(i);
        break;
    end;
end
i,a(i)
```

例 21 输入学生的成绩,并判断成绩的等级,等级为:当 $80 \leqslant x \leqslant 100$ 时等级为优,当 $60 \leqslant x < 80$ 时等级为良,当 $x < 60$ 时等级为不及格。

程序代码如下:

```
x=input('学生成绩=');
if   x>=80 & x<=100
     A=['优'];
elseif   x>=60 & x<80
     A=['良'];
else
     A=['不及格'];
end
     A
```

4. switch…case 结构

switch…case 指令的一般语法结构形式如下:

```
switch   开关条件 ex     %ex 为一标量或字符串
case text1
        语句组 1
case text2
        语句组 2
……
case textn
        语句组 n
otherwise                %otherwise 指令可以不存在
        语句组 n+1
end
```

注意:

(1)只有一个 case 的命令被执行,当执行完该命令后,程序就跳出该分支结构,执行 end 下面的语句。

(2)当遇到 switch 结构时,MATLAB 将开关条件 ex 的值分别与各个 case 指令后面的检测值进行比较。如果比较结果为假,则取下一个检测值再来比较,而一旦比较结果为真,MATLAB 将执行相应的一组命令,然后跳出循环。如果所有的结果为假,即开关条件 ex 的值与所有的检测值都不等,则 MATLAB 将执行 otherwise 后面的一组命令语句组 n+1。由此可知,上述结构保证至少有一组命令得到一次执行。

(3)switch 指令后面的开关条件 ex 应为一个标量或一个字符串。对于标量形式的开关条件 ex,比较时用开关条件 ex=检测值 textk;而对于字符串,MATLAB 将调用函数 strcmp(即串比较命令)来实现比较,格式为 strcmp(表达式,检测值)。例如:

```
strcmp('like','loer')
ans =
     0   %即两个字符串不相同
```

5. try…catch 结 构

try…catch 指令的语法形式为:

```
try
        语句组 1
catch
        语句组 2
end
```

6. input 指令

```
v=input('message')
        %将用户键入的内容赋给变量 v (v 可以是数值型、字符型数据)
v=input('message','s')        %将用户键入的内容作为字符串赋给变量 v
```

例如：

（1）第一种调用格式：

```
v=input('message')
message2143723492        %2143723492 是用户输入的数据
v =
        2143723492
```

（2）第二种调用格式：

```
v=input('message','s')
messageABCDE        %ABCDE 是用户输入的字符串
v =
ABCDE
```

说明：

（1）指令中的'message'是将显示在屏幕上的字符串，这是必不可少的，可以是任意的字符，只是起提示的作用。

（2）对于第一种调用格式，用户可以输入数值、字符串数据。但如果想要输入的是数值型数据，则直接输入数字即可；如果是字符型数据，输入时必须加上''，否则计算机认为是错误的。

（3）对于第二种调用格式，不管输入什么，即不管输入的内容是否带有''，计算机都默认是字符型的数据，总以字符串形式赋给变量 v。

7. error 和 warning 指令

在编写 M 文件时，常用的警示指令有：

error('message')	显示出错信息 message，终止程序。
errortrop	错误发生后，程序继续执行与否的双位开关。
lasterr	显示 MATLAB 自动判断的最新出错原因并终止程序。
warning('message')	显示警告信息 message，程序继续运行。
lastwarn	显示 MATLAB 自动给出的最新警告，程序继续运行。

8. break 指令

break 指令也常与 for 或 while 等语句一起使用，其作用是终止本层循环，跳出它所在的内层循环,跳到它所在的外层循环。使用 break 指令可以不必等到循环的自然结束,而是根据条件,退出循环。

9. continue 指令

continue 指令经常与 for 或 while 语句一起使用,其作用是结束本次循环,即跳过循环体中下面尚未执行的语句,接着进行下一次是否执行循环的判断。

10. return 指令

return 指令能使当前正在运行的函数正常退出,并返回调用它的函数,继续运行。这个语句经常用于函数的末尾,以正常结束函数的运行。

break、continue 和 return 比较容易混淆,它们之间的具体用法如表 12-14 所示。

表 12-14　break、continue 和 return 的用法

函　数	用 在 何 处	描　述
break	for 或 while 循环	break 出现时,退出它所在的循环;当 break 在嵌套循环中时,进入它所在的外层循环
continue	for 或 while 循环	在本循环中跳过剩余的语句,进入本循环的下一次迭代
return	任意位置	return 出现时,立即退出循环,进入它的调用函数

利用 nargin 和 nargout 函数可以确定函数输入变量和输出变量的个数,然后可以根据变量个数用条件语句完成不同的任务。例如:

```
function  c=testrg1(a,b)
if  (nargin==1)            %nargin(nargout)是输入(出)变量的个数
    c=a.^2;
elseif (nargin==2)
    c=a+b;
end
```

12.8.2　编写 M 文件入门

我们通过编写脚本文件和函数文件来解决一个具体的问题,初步了解 M 文件。

例 22　通过 M 脚本文件,画出下列分段函数的曲面。

$$p(x_1,x_2)=\begin{cases} 0.5457e^{-0.75x_2^2-3.75x_1^2-1.5x_1} & x_1+x_2>1 \\ 0.7575e^{-0.75x_2^2-6x_1^2} & -1<x_1+x_2\leqslant 1 \\ 0.5457e^{-0.75x_2^2-3.75x_1^2+1.5x_1} & x_1+x_2\leqslant -1 \end{cases}$$

1. 编写 M 脚本文件

打开 M 文件编辑调试器,输入命令:

```
%exam0701_1.m  This is my fist example.
a=4;b=5;
clf;
x=-a:0.02:a;   y=-b:0.02:b;
```

```
for   i=1:length(y)
for   j=1:length(x)
      if   x(j)+y(i)>1          %y(i)表示 x₂,x(j)表示 x₁
          z(i,j)=0.5457*exp(-0.75*y(i)^2-3.75*x(j)^2-1.5*x(j));
      elseif   x(j)+y(i)<=-1
          z(i,j)=0.5457*exp(-0.75*y(i)^2-3.75*x(j)^2+1.5*x(j));
      else
          z(i,j)=0.7575*exp(-0.75*y(i)^2-6*x(j)^2);
      end
   end
end
axis([-a,a,-b,b,-10,10]);
colormap(flipud(winter));
surf(x,y,z);
```

2. 运行 M 文件

保存文件(如果只点保存,文件直接保存在安装 MATLAB 文件夹下的 work 文件夹中)后,使 exam0701 所在的目录成为当前目录,或者让该目录处在 MATLAB 的搜索路径上。

打开 M 文件,点 M 文件窗口中的 Debug/Run,或在命令窗口中直接输入文件名 exam0701(注意保存文件的路径),运行结果就会显示在命令窗口中。

例 23　通过 M 函数文件画出上例分段函数的曲面。

程序代码如下:

```
function s=exam070_2(a,b)
%This is my second example.
%a Define fhe limit of variable x.
%b Define fhe limit of variable y.
a=2;b=2;
clf;
x=-a:0.02:a;y=-b:0.02:b;
for   i=1:length(y)
    for   j=1:length(x)
        if   x(j)+y(i)> 1
            z(i,j)=0.5457*exp(-0.75*y(i)^2-3.75*x(j)^2-1.5*x(j));
        elseif   x(j)+y(i)<=-1
            z(i,j)=0.5457*exp(-0.75*y(i)^2-3.75*x(j)^2+1.5*x(j));
        else
            z(i,j)=0.7575*exp(-0.75*y(i)^2-6*x(j)^2);
        end
    end
end
axis([-a,a,-b,b,-10,10]);
colormap(flipud(winter));
surf(x,y,z);
```

12.8.3　M 文件编辑调试器

M 文件编辑调试器的编辑功能如下：

1. 创建新 M 文件

创建新 M 文件，启动编辑调试器有 3 种方法：

(1)在 MATLAB 命令窗口运行指令 edit，则计算机自动打开 M 文件编辑调试器窗口。

(2)点 MATLAB 命令窗口的工具条上的"新建"图标。

(3)利用 MATLAB 命令窗口的 File→New 子菜单，再从右拉菜单中选择 M-file 选项。

2. 打开已有的 M 文件

打开已有的 M 文件有 3 种方法：

(1)在 MATLAB 命令窗口运行指令"edit 文件名"，文件可不带扩展名，如果文件不在当前目录，需要写上路径。

(2)点 MATLAB 命令窗口的工具条上的"打开"图标。

(3)利用 MATLAB 命令窗口的 File/Open 子菜单，再从弹出的对话框中点击所需打开的文件。

12.8.4　运行 M 文件时要注意的问题

1. 创建一个 M 文件窗口

(1)点工具栏上的新建图标，则生成一个 M 文件工作窗口，在此可输入上述运行命令。

(2)点 File→New→M-file.

(3)在命令窗口中输入"edit　M 文件的文件名"，然后计算机显示是否创建 M 文件，点保存后，自动打开 M 文件命令窗口供输入命令。

输入完相关的命令后，点"另存为"，在弹出的窗口中输入要保存的文件名，文件名必须以字母开头，计算机默认保存在 MATLAB 安装所在的文件夹下的 work 文件夹内，计算机自动加上后缀".m"，比如，把 M 文件保存在 D 盘的 f1 文件夹下的 f2.m。

注意：

M 文件名建议全部用英文字母。如果全部是数字，如 1254252，则每次运行后的结果就是 1254252。如果以数字开头，后面跟字符，计算机会认为是错误的，但可以字母开头，后面是数字，不能使用中文。

2. 运行 M 文件

可以采用下面中的一个方法运行 M 文件：

(1)如果 M 文件工作窗口与目前的命令工作窗口都是当前目录，输入完 M 文件的内容后，点菜单栏 Dubeg 下的 Save and Run，则运行结果显示在命令工作窗口内。

(2)按 F5，相当于点工具栏的 Debug→Save and Run。

(3)在命令工作窗口中直接输入 M 文件的文件名，文件名可以不写后缀名，但如果文件不在当前目录，文件名应该包括路径。

(4)如果命令工作窗口不是当前目录，在 M 文件工作窗口中点工具栏上的 Run，则在命令工作窗口中显示的是上次运行的 M 文件的运行结果。

（5）MATLAB 要求 M 文件的保存目录与命令工作窗口所在的目录一致，否则必须改变当前目录，才能使 M 文件执行的结果显示在命令窗口中。

MATLAB 7.0 以上的版本，运行 M 文件时已经达到智能化程度，即点菜单 Debug→Save and Run 保存，再点 Run，计算机会自动出现图 12-10 所示的窗口。

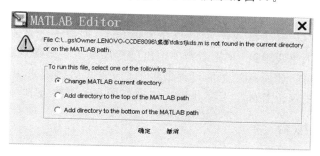

图 12-10　提示窗口

计算机默认自动改变当前目录，因此直接点"确定"，则可使命令工作窗口的目录与保存 M 文件的目录一致。

12.8.5　M 文件的一般结构

脚本 M 文件只是比函数 M 文件少一个"函数申明行"。

典型的函数 M 文件的结构如下：

（1）函数申明行：位于函数文件的首行，以 MATLAB 关键字 function 开头，函数名及函数的输入输出宗量都在这一行被定义。

格式：

```
function 输出宗量=函数名(输入参数(输入宗量))
```

在高版本的 MATLAB 中，M 文件的文件名可以与函数 M 文件中定义的函数名不同。例如：M 文件保存的文件名为 test.m，而定义 M 文件的函数名为 test001。

```
function  y=test001(a,b)
```

当 M 文件保存的文件名与定义 M 文件用的函数名不同时，MATLAB 只认保存的 M 文件名，即调用时使用保存的 M 文件名，而不认定义时的函数名。

（2）H1 行：紧跟函数申明行之后，以％开头的第一注释行。按 MATLAB 自身文件规则，H1 包含大小写的函数文件名和运用关键词简要描述的函数功能。H1 行供 lookfor 关键词查询和 help 在线帮助使用。

（3）在线帮助文本区：H1 行以及其后的连续以％开头的所有注释行构成整个在线帮助文本，通常包括函数输入输出宗量的含义和调用格式说明。

（4）编写和修改记录：与在线帮助文本区相隔一个"空"行，也以％开头，标志编写及修改该 M 文件的作者和日期及版本记录，它用于软件档案管理。

（5）函数体：为清晰起见，它与前面的注释行以"空"行相隔。这部分内容由实现该 M 函数文件功能的 MATLAB 指令组成。它接收输入宗量，进行程序流控制，得到输出宗量。其中为阅读、理解方便，也配置适当的空行和注释。

若仅从运算角度看，只有"函数申明行"和"函数体"两部分是构成 M 函数文件所必不可少的内容。

一个完整的函数式 M 文件应该包括函数的申明行、H1 行、帮助文本、函数体、注释等项目。

12.9　曲线拟合的最小二乘法

将一些数据点$(x_i,y_i)(i=1,2,\cdots,n)$描在坐标系上,形成一个散点图,观察散点图的大多数点近似地在某一条曲线附近,并凭经验确定出这条曲线的一般形式(该曲线方程应含有一些待定参数),最后,根据"让所有的点均离其最近"这一原则具体地求出这条曲线。这就是曲线拟合的最小二乘法的理论基础。下面分别讨论拟合的相关方法及其操作。

12.9.1　直线拟合

若所给的数据点$(x_i,y_i)(i=1,2,\cdots,n)$近似地在某条直线附近,我们可设拟合曲线的一般形式为:

$$y=a+bx \tag{1}$$

其中a,b为待定的系数。

为使所求的曲线方程(1)满足使所有的数据点$(x_i,y_i)(i=1,2,\cdots,n)$尽量地靠近这一直线,自然要求$a$,$b$,使得总误差

$$\min Q=\sum_{i=1}^{n}(y_i-(a+bx_i))^2$$

因此,必有$\dfrac{\partial Q}{\partial a}=0,\dfrac{\partial Q}{\partial b}=0.$

于是得:
$$\begin{cases}\dfrac{\partial Q}{\partial a}=\sum_{i=1}^{n}2(y_i-(a+bx_i))\cdot(-1)=0,\\[2mm]\dfrac{\partial Q}{\partial b}=\sum_{i=1}^{n}2(y_i-(a+bx_i))\cdot(-x_i)=0.\end{cases}$$

上述方程的解a,b就是使曲线方程(1)的总误差达到最小的解。上述方法称为最小二乘法。

12.9.2　一般的拟合

假设$f_1(x),f_2(x),\cdots,f_n(x)$为已知函数,且它们不含任何参数。对于所给的数据点$(x_i,y_i)(i=1,2,\cdots,n)$,我们用函数

$$y=a_1f_1(x)+a_2f_2(x)+\cdots+a_nf_n(x)$$

近似地表示数据点中x_i,y_i的关系。其中$a_1,a_2,\cdots,a_n$是待定的系数,用最小二乘法求出,同时称$f_1(x),f_2(x),\cdots,f_n(x)$为拟合基函数。

12.9.3　多项式拟合的 MATLAB 实现

多项式拟合常用的调用格式有:

1. p＝polyfit(x,y,n)

其中 x、y 是要拟合的数据向量,n 是拟合多项式的最高阶次,p 是由 polyfit 命令计算得到

的多项式的系数。

　　MATLAB 中的 polyfit 函数生成给定数据 x、y 最小二乘意义上的指定阶次的最佳拟合多项式。

　　2. y1＝polyval(p,x)

　　p 是由 polyfit 命令计算得到的多项式的系数，x 是原（自变量）数据。y1＝polyval(p,x)是拟合多项式的系数为 p，对应的自变量取 x 时计算出来的函数值，记为 y1，即 y1 是拟合函数的计算值（在拟合曲线上），y 是测量值。下面举例说明。

```
x=[1, 2, 3, 4, 5];y=[5.5, 43.1, 128, 290.7, 498.4];
p=polyfit(x,y,3)
p =
       -0.1917   31.5821   -60.3262   35.3400
y1=polyval(p,x);
plot(x,y,'kp',x,y1,'k')   %画拟合曲线及原始数据点的图像
```

则拟合多项式为：

$$p = -0.1917x^3 + 31.5821x^2 - 60.3262x + 35.3400.$$

画出的拟合曲线及原始数据点的图像如图 12-11 所示。

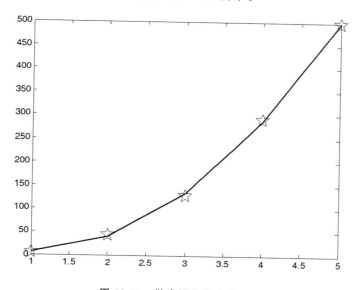

图 12-11　散点图和拟合曲线

12.9.4　线性回归分析

　　在处理科学数据时，常常需要描述某些变量之间的关系。如果因变量与拟合基函数之间是线性关系（即参数与拟合基函数直接相乘，再相加），可以用 MATLAB 的反斜线运算符求得回归方程或曲线方程的系数。

　　假设有下列对应数据 x,y，首先绘制散点图。

```
x=[0, 0.3, 0.8, 1.1, 1.6, 2.3]';
y=[0.5, 0.82, 1.14, 1.25, 1.35, 1.40]';
plot(x,y, 'kp')   %如图 12-12 所示
```

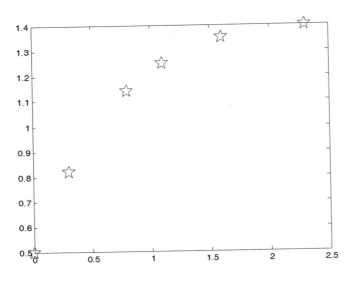

图 12-12　散点图

根据图 12-12 中的散点图,大致确定该数据可以用下面的二次多项式来拟合:

$$y = a_0 + a_1 x + a_2 x^2.$$

如果用二次多项式进行拟合,则取拟合的基函数为 x^0, x, x^2,即 $1, x, x^2$,未知系数 a_0, a_1, a_2 可以用最小二乘法拟合求出,该方法使数据与模型之间的误差最小。这个系统有 6 个方程、3 个未知数,如下式子所示:

$$\begin{pmatrix} y_1 \\ y_2 \\ y_3 \\ y_4 \\ y_5 \\ y_6 \end{pmatrix} = \begin{pmatrix} 1 & x_1 & x_1^2 \\ 1 & x_2 & x_2^2 \\ 1 & x_3 & x_3^2 \\ 1 & x_4 & x_4^2 \\ 1 & x_5 & x_5^2 \\ 1 & x_6 & x_6^2 \end{pmatrix} \times \begin{pmatrix} a_0 \\ a_1 \\ a_2 \end{pmatrix} \quad 即 \quad \begin{cases} y_1 = a_0 \times 1 + a_1 \times x_1 + a_2 x_1^2 \\ y_2 = a_0 \times 1 + a_1 \times x_2 + a_2 x_2^2 \\ y_3 = a_0 \times 1 + a_1 \times x_3 + a_2 x_3^2 \\ y_4 = a_0 \times 1 + a_1 \times x_4 + a_2 x_4^2 \\ y_5 = a_0 \times 1 + a_1 \times x_5 + a_2 x_5^2 \\ y_6 = a_0 \times 1 + a_1 \times x_6 + a_2 x_6^2 \end{cases}$$

求上述拟合系数的具体操作如下:

```
x=[0,0.3, 0.8, 1.1, 1.6, 2.3]';
y=[0.5, 0.82, 1.14, 1.25, 1.35, 1.40]';
X=[ones(size(x))  x  x.^2]
X =
    1.0000         0         0
    1.0000    0.3000    0.0900
    1.0000    0.8000    0.6400
    1.0000    1.1000    1.2100
    1.0000    1.6000    2.5600
    1.0000    2.3000    5.2900
a=X\y    %用反斜线运算进行求解,得拟合系数
a =
    0.5318
```

```
      0.9191
     -0.2387
```

所以,求得拟合多项式模型为:
$$y=0.5318+0.9191x-0.2387x^2.$$

现在计算等间距点上的模型函数值,画出拟合曲线,并在图上叠加原始数据,两者进行比较。

```
T=(0:0.1:2.5)';
Y=[ones(size(T))  T  T.^2]*a;
plot(T,Y,'k-',x,y,'kp')          %如图 12-13 所示
```

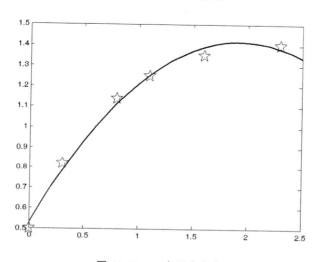

图 12-13　二次拟合曲线

很明显,这个拟合结果还不够理想。可以增加多项式拟合的阶次,或者试着用其他函数来获取更好的近似。

可以试着用非线性函数来取代多项式函数,如下面的指数函数:
$$y=a_0+a_1 e^{-x}+a_2 x e^{-x}.$$

未知系数 a_0,a_1,a_2 可以用最小二乘法进行拟合求出。

```
X=[ones(size(x))  exp(-x)  x.*exp(-x)];
a=X\y
a =
      1.3974
     -0.8988
      0.4097
```

所以,得到的拟合模型为:
$$y=1.3974-0.8988 e^{-x}+0.4097 x e^{-x}.$$

现在计算等间距点上的模型值,画出拟合曲线,并在图上叠加原始数据点,两者进行比较。

```
T=(0:0.1:2.5)';
Y=[ones(size(T))  exp(-T)  T.*exp(-T)]*a;
plot(T,Y,'k-',x,y,'kp')          %如图 12-14 所示
```

很明显,对比图 12-14 和图 12-13 可以看出,前者的拟合效果更优。

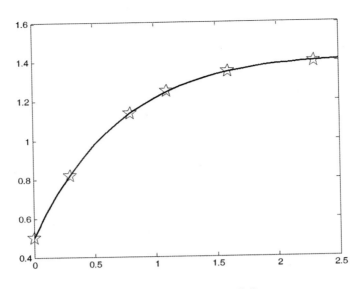

图 12-14　指数函数拟合曲线

12.9.5　多元回归分析

如果 y 是多个独立变量的函数,可以用多元回归的方法建立 y 和各个独立变量的关系模型。

假设对于自变量 x_1 和 x_2 以及对应的因变量 y,有下列测量值:

```
x1=[0.2 0.5 0.6 0.8 1.0 1.1]';
x2=[0.1 0.3 0.4 0.9 1.1 1.4]';
y=[0.17 0.26 0.28 0.23 0.27 0.24]';
```

假设数据模型为:

$$y = a_0 + a_1 x_1 + a_2 x_2.$$

采用最小二乘法拟合,可以求取模型中的待定系数 a_0, a_1, a_2。先根据拟合函数构造基向量矩阵,然后用反斜线运算符求系数。

```
X=[ones(size(x1))  x1  x2];
a=X\y
a =
      0.1018
      0.4844
     -0.2847
```

所以,数据模型的最小二乘拟合模型为:

$$y = 0.1018 + 0.4844 x_1 - 0.2847 x_2.$$

为了知道模型的精度,下面计算数据与模型计算值之间的最大绝对差:

```
Y=X*a;
MaxErr=max(abs(Y-y))
MaxErr =
    0.0038
```

由于最大绝对差足够小,所以认为模型是合理的。

12.9.6　残差分析

可以用残差分析来度量拟合效果的好坏。残差是测量值与预测值之间的差值。下面通过例子分别用线性模型、2 次模型、4 次模型和指数模型等进行拟合，分别计算其残差。具体数据见程序。

（1）用线性模型进行拟合：

```
x=[0 0.3 0.8 1.1 1.6 2.3]';
y=[0.5 0.82 1.14 1.25 1.35 1.40]';
p1=polyfit(x,y,1);
pop1=polyval(p1,x);
plot(x,pop1,'k-',x,y,'kp')        %如图 12-15 所示
```

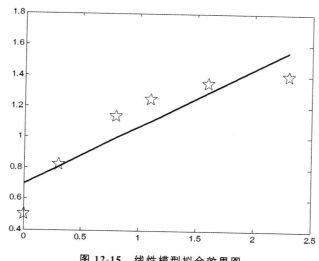

图 12-15　线性模型拟合效果图

输入下列代码，计算残差并绘制出残差图：

```
res1=y-pop1;
figure,plot(x,res1,'kp')          %如图 12-16 所示
```

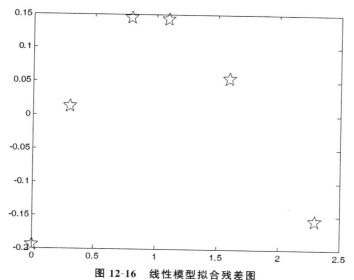

图 12-16　线性模型拟合残差图

从图 12-16 中可以看出,线性模型拟合的效果不是很理想,而且残差图中的散点呈现明显的规律性(散点呈均匀分布比较好)。

(2)用 2 次模型进行拟合:

```
p=polyfit(x,y,2);
pop2=polyval(p,x);
plot(x,pop2,'k-',x,y,'kp')        %如图 12-17 所示
```

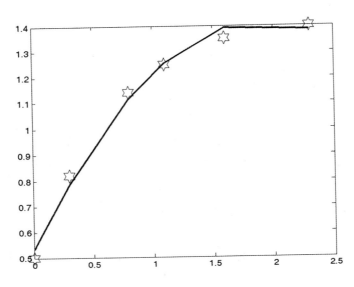

图 12-17　2 次模型拟合效果图

然后计算原始数据与预测数据的残差:

```
res2=y-pop2;figure,plot(x,res2,'kp')        %残差图如图 12-18 所示
```

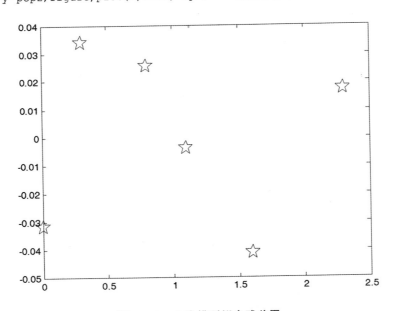

图 12-18　2 次模型拟合残差图

从图 12-18 中可以看出,拟合的效果还不是很理想。

(3)用 4 次模型进行拟合:

```
p=polyfit(x,y,4);pop3=polyval(p,x);
plot(x,pop3,'k- ',x,y,'kp')    %如图 12-19 所示
res3=y-pop3;
figure,plot(x,res3,'kp')    %如图 12-20 所示
```

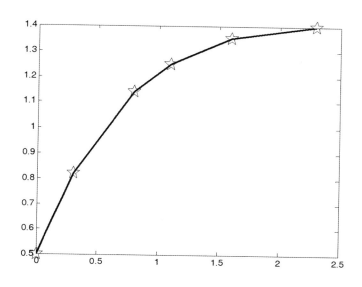

图 12-19　4 次模型拟合效果图

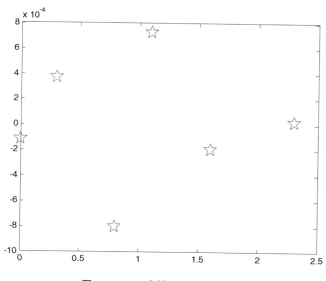

图 12-20　4 次模型拟合的残差图

从图 12-20 中可以看出,残差仍具有明显的规律性,说明拟合效果还是不太好,此时可以考虑其他类型的函数作为拟合函数。

练　习

利用 MATLAB 软件编程解决下列问题。

1. 已知矩阵 $A = \begin{pmatrix} 0 & 1 & 4 \\ -2 & 9 & 1 \\ 0 & -1 & 4 \end{pmatrix}$, $B = \begin{pmatrix} 4 & 1 & 8 & 1 \\ -2 & 5 & 6 & 2 \\ 1 & 3 & 1 & 2 \end{pmatrix}$, $C = \begin{pmatrix} 1 & 2 & 6 & 3 \\ 4 & 5 & 1 & 4 \\ 0 & 2 & -1 & 3 \end{pmatrix}$, 求下面的

结果。

(1) $3A$, AB, $B+C$ ；

(2) $|A|$ ；

(3) A、B、C 的秩；

(4) A^{-1} 和 A 的伪逆, 并验证计算的结果；

(5) B' ；

(6) C. * B, C. /B, A. ˆ2 和 A^2, 并总结点运算和矩阵运算的区别；

(7) 矩阵 A 的特征向量和特征根, 并要求分别用长精度、短精度、有理数形式显示其结果。

2. 已知矩阵 $A = \begin{vmatrix} 1 & 0 & -2 \\ 5 & 6 & 9 \\ 7 & -4 & 0.5 \\ 8 & 7.6 & 9 \\ 6 & 4 & 9.3 \end{vmatrix}$。

(1) 求 $B = A/7$, 并使其结果显示 20 位小数；

(2) 取矩阵第 3、4、5 行, 组成一个新的矩阵 C ；

(3) 求矩阵 A 的维数和所有元素的个数；

(4) 取出矩阵的第 10 个元素；

(5) 取矩阵的第 1、4、5 行元素, 组成新的矩阵 D, 并求矩阵 D 的秩；

(6) 求矩阵 A 的伪逆。

3. 创建满足下列要求的矩阵。

(1) 创建一个 10 阶单位方阵；

(2) 创建一个有 5 行 6 列服从均匀分布的随机数矩阵。

4. 求在 $100 \sim 10000$ 以内所有既是 6 的倍数也是 19 的倍数的数, 输出这些数(要求每行输出 10 个数), 并求它们的和。

5. 如果一个正整数等于其各位数字的立方和, 则该数称为阿姆斯特朗数(亦称为水仙花数)。如 $407 = 4^3 + 0^3 + 7^3$ 就是一个水仙花数。试编程求所有 3 位的水仙花数。

6. 从键盘输入三个整数 x, y, z, 求其最小值, 并输出结果。

7. 编程判断输入的正整数是否既是 15 又是 9 的倍数。若是, 则输出"是", 否则输出"否"。

8. 已知一数列满足：
$$a_{n+2} = a_{n+1} + 2a_n \ (n = 1, 2, 3, \cdots), \text{且} \ a_1 = 1, a_2 = 4.$$
要求输出该数列在 $10000 \sim 20000$ 之间的所有项, 并求它们之和。

9. 画出下列函数的图像。

(1) $y = \cos x + \sin x, x \in [0, 2\pi]$ ；　　　(2) $y = x e^x, x \in [-2, 2]$ ；

(3) $x = t\cos t, y = t\sin t, t \in [0, 2\pi]$;　　　　(4) $x = \cos 3t, y = \sin 5t, t \in [0, \pi]$;

(5) $\dfrac{x^2}{4} + \dfrac{y^2}{4} + \dfrac{z^2}{9} = 1$;　　　　(6) $y = 1 + x + x^2, x \in [-100, 100]$;

(7) $y = x^2 \sin x, x \in [-50, 50]$;　　　　(8) $x = 5\cos 2t, y = 7\sin 3t, t \in [-\pi, \pi]$;

(9) $z = \sqrt{x^2 + y^2}, x \in [-10, 10], y \in [-10, 10]$;

(10) $z = \dfrac{\sin\sqrt{x^2 + y^2}}{\sqrt{x^2 + y^2}}$;

(11) $z = x^2 + y^2, x \in [-10, 10], y \in [-10, 10]$;

(12) $z = \dfrac{x^2}{3^2} + \dfrac{y^2}{4^2} \ (a, b > 0)$;

(13) $x = \cos u \sin v, y = \sin u \cos v, z = \sin v, u \in [0, 2\pi], v \in \left[-\dfrac{\pi}{2}, \dfrac{\pi}{2}\right]$;

(14) $x = \sin t, y = \cos t, z = \dfrac{1}{3}t, t \in [0, 15]$;

(15) $z = \dfrac{x^2}{3^2} - \dfrac{y^2}{4^2} \ (a, b > 0)$;　　　　(16) $\dfrac{x^2}{2^2} + \dfrac{y^2}{3^2} - \dfrac{z^2}{4^2} = 1 \ (a, b, c > 0)$;

(17) $\dfrac{x^2}{2^2} + \dfrac{y^2}{3^2} - \dfrac{z^2}{4^2} = -1 \ (a, b, c > 0)$。

10. 测得 14 名成年女子的身高与腿长,所得数据如表 12-15 所示。

表 12-15　14 名成年女子的身高和腿长

身高/cm	146	147	149	150	153	154	155	156	157	158	159	160	162	164
腿长/cm	88	91	91	93	93	95	96	98	97	96	98	99	100	102

请利用这些数据,研究身高 x 与腿长 y 之间的关系。

11. 已知某工厂的销售量 y 与广告费用 x_1、价格差 x_2 的原始数据如表 12-16 所示。

表 12-16　某工厂的原始数据

序号	1	2	3	4	5	6	7	8	9	10
x_1	3.85	3.75	3.70	3.70	3.60	3.60	3.60	3.80	3.80	3.80
x_2	5.50	6.75	7.25	5.50	7.00	6.50	6.75	5.25	5.25	6.00
y	−0.05	0.25	0.60	0.00	0.25	0.20	0.15	0.05	−0.15	0.15
序号	11	12	13	14	15	16	17	18	19	20
x_1	3.85	3.90	3.70	3.75	3.75	3.80	3.70	3.80	3.70	3.80
x_2	6.50	6.25	7.00	6.90	6.80	6.80	7.10	7.00	6.80	6.50
y	0.20	0.10	0.40	0.45	0.35	0.30	0.50	0.50	0.40	−0.05
序号	21	22	23	24	25	26	27	28	29	30
x_1	3.80	3.75	3.70	3.55	3.60	3.65	3.70	3.75	3.80	3.70
x_2	6.25	6.00	6.50	7.00	6.80	6.80	6.50	5.75	5.80	6.80
y	−0.05	−0.10	0.20	0.10	0.50	0.60	−0.05	0.00	0.05	0.55

（1）分别求出销售量 y 与 x_1、y 与 x_2 的拟合函数。

（2）分别求出销售量 y 与 x_1、x_2 的多元拟合函数。

12. 考察温度 x 对产量 y 的影响，测得表 12-17 所示的 10 组数据。

表 12-17　10 组数据

温度/℃	20	25	30	35	40	45	50	55	60	65
产量/kg	13.2	15.1	16.4	17.1	17.9	18.7	19.6	21.2	22.5	24.3

求 y 关于 x 的线性回归方程，检验回归效果是否显著，并预测 $x=42℃$ 时的产量及预测区间（置信度 95%）。

13. 某零件上有一段曲线，为了在程序控制机床上加工这一零件，需要求这段曲线的解析表达式。在曲线横坐标 x_i 处，测得纵坐标 y_i，共 11 对数据，如表 12-18 所示。

表 12-18　11 对数据

x_i	0	2	4	6	8	10	12	14	16	18	20
y_i	0.6	2.0	4.4	7.5	11.8	17.1	23.3	31.2	39.6	49.7	61.7

求这段曲线的纵坐标 y 关于横坐标 x 的二次多项式回归方程。

14. 混凝土的抗压强度随着养护时间的延长而增加。现将一批混凝土做成 12 个试块，记录了养护日期 x（日）及抗压强度 $y(\text{kg/cm}^3)$ 的数据，如表 12-19 所示。

表 12-19　养护日期与抗压强度的数据

养护日期 x	2	3	4	5	7	9	12	14	17	21	28	56
抗压强度 y	35	42	47	53	59	65	68	73	76	82	86	99

试求 $y=a+b\ln x$ 的回归方程，即求回归系数 a，b。

15. 为研究某地区实际投资额 y 与国民生产总值 x_1、物价指数 x_2 的关系，收集了该地区连续 18 年的统计数据，如表 12-20 所示。请建立实际投资额与国民生产总值、物价指数的数学模型，即求 y 与 x_1、x_2 的多元拟合函数。

表 12-20　某地区的统计数据

序号	1	2	3	4	5	6	7	8	9
x_1	90.9	97.4	113.5	125.7	122.8	133.3	149.3	144.2	166.4
x_2	596.7	637.7	691.1	756.0	799.0	873.4	944.0	992.7	1077.6
y	0.716	0.7277	0.7436	0.7676	0.79	0.8254	0.8679	0.9145	0.9601

序号	10	11	12	13	14	15	16	17	18
x_1	195.0	229.8	228.7	206.1	257.9	324.1	386.6	423.0	401.9
x_2	1185.9	1326.4	1434.2	1549.2	1718.0	1918.3	2163.9	2417.8	2631.7
y	1.000	1.057	1.1508	1.2579	1.3234	1.40	1.5042	1.6342	1.7842

16.设某商品的需求量与消费者的平均收入、商品价格的统计数据如表 12-21 所示,建立回归模型,预测平均收入为 1000、价格为 6 时的商品需求量。

表 12-21　某商品的统计数据

需求量	100	75	80	70	50	65	90	100	110	60
收入	1000	600	1200	500	300	400	1300	1100	1300	300
价格	5	7	6	6	8	7	5	4	3	9

17.某城市 18 位 35～44 岁经理的平均收入 x_1、风险偏好度 x_2 和人寿保险额 y 的数据,如表 12-22 所示。其中风险偏好度是根据发给每个经理的问卷调查表综合评估得到的,它的数值越大就偏爱高风险。研究人员想研究此年龄段中的经理所投保的人寿保险额与年均收入、风险偏好度之间的关系。研究者预计,经理的年均收入和人寿保险额存在着二次关系,并有把握地认为风险偏好度对人寿保险额有线性效应,但对风险偏好度对人寿保险额是否有二次效应,以及其他两个自变量是否对人寿保险额有交互效应心中没底。

请通过表 12-22 中的数据来建立一个合适的回归模型,验证上面的看法,并做进一步的分析。

表 12-22　某城市 18 位经理的数据

序号	1	2	3	4	5	6	7	8	9
y	196	63	252	84	126	14	49	49	266
x_1	66.290	40.964	72.996	45.010	57.204	26.852	38.122	35.840	75.796
x_2	7	5	10	6	4	5	4	6	9
序号	10	11	12	13	14	15	16	17	18
y	49	105	98	77	14	56	245	133	133
x_1	37.408	54.376	46.186	46.130	30.366	39.060	79.380	52.766	55.916
x_2	5	2	7	4	3	5	1	8	6

18.为了解百货商店销售额 x 与流通率 y(流通率是反映商业活动的一个质量指标,指每元商品流转额所分摊的流通费用)之间的关系,收集了九个商店的有关数据,如表 12-23 所示。请对销售额 x 与流通率 y 建立合适的数学模型。

表 12-23　九个商店的有关数据

样本点	销售额 x /万元	流通率 y/(%)	样本点	销售额 x /万元	流通率 y/(%)
1	1.5	7.0	6	16.5	2.5
2	4.5	4.8	7	19.5	2.4
3	7.5	3.6	8	22.5	2.3
4	10.5	3.1	9	25.5	2.2
5	13.5	2.7			

19.某科学基金会希望估计从事某研究的学者的年薪 Y 与他们的研究成果(论文、著作等)的质量指标 X_1、从事研究工作的时间 X_2、能成功获得资助的指标 X_3 之间的关系。为此

按一定的实验设计方法调查了 24 位研究学者,得到表 12-24 所示的数据。试建立 Y 与 X_1、X_2、X_3 之间关系的数学模型,并得到有关结论和做统计分析。

表 12-24　24 位研究学者

序号	1	2	3	4	5	6	7	8	9	10	11	12
X_1	3.5	5.3	5.1	5.8	4.2	6.0	6.8	5.5	3.1	7.2	4.5	4.9
X_2	9	20	18	33	31	13	25	30	5	47	25	11
X_3	6.1	6.4	7.4	6.7	7.5	5.9	6.0	4.0	5.8	8.3	5.0	6.4
Y	33.2	40.3	38.7	46.8	41.4	37.5	39.0	40.7	30.1	52.9	38.2	31.8
序号	13	14	15	16	17	18	19	20	21	22	23	24
X_1	8.0	6.5	6.6	3.7	6.2	7.0	4.0	4.5	5.9	5.6	4.8	3.9
X_2	23	35	39	21	7	40	35	23	33	27	34	15
X_3	7.6	7.0	5.0	4.4	5.5	7.0	6.0	3.5	4.9	4.3	8.0	5.8
Y	43.3	44.1	42.5	33.6	34.2	48.0	38.0	35.9	40.4	36.8	45.2	35.1

20. 财政收入预测问题。财政收入与国民收入、工业总产值、农业总产值、总人口、就业人口、固定资产投资等因素有关。表 12-25 列出了 1952—1981 年的原始数据(个别数据与实际有差异),试构造预测模型。

表 12-25　原始数据

年份	国民收入/亿元	工业总产值/亿元	农业总产值/亿元	总人口/万人	就业人口/万人	固定资产投资/亿元	财政收入/亿元
1952	598	349	461	57482	20729	44	184
1953	586	455	475	58796	21364	89	216
1954	707	520	491	60266	2132	97	248
1955	737	558	529	61465	22328	98	254
1956	825	713	556	62828	23018	150	268
1957	837	798	575	64653	23711	139	286
1958	1028	1235	598	65994	26600	256	357
1959	1114	1681	509	67207	26173	338	444
1960	1079	1870	444	66207	25880	380	506
1961	757	1156	434	65859	25590	138	271
1962	677	964	461	67295	25110	66	230
1963	779	1046	514	69172	26640	85	266
1964	943	1250	584	70499	27736	129	323
1965	1152	1581	632	72538	28670	175	393

续表

年份	国民收入/亿元	工业总产值/亿元	农业总产值/亿元	总人口/万人	就业人口/万人	固定资产投资/亿元	财政收入/亿元
1966	1322	1911	687	74542	29805	212	466
1967	1249	1647	697	76368	30814	156	352
1968	1187	1565	680	78534	31915	127	303
1969	1372	2101	688	80671	33225	207	447
1970	1638	2747	767	82992	34432	312	564
1971	1780	3156	790	85229	35620	355	638
1972	1833	3365	789	87177	35854	354	658
1973	1978	3684	855	89211	36652	374	691
1974	1993	3696	891	90859	37369	393	655
1975	2121	4254	932	92421	38168	462	692
1976	2052	4309	955	93717	38834	443	657
1977	2189	4925	971	94974	39377	454	723
1978	2475	5590	1058	96259	39856	550	922
1979	2702	6065	1150	97542	40581	564	890
1980	2891	6592	1194	98705	41896	568	826
1981	2927	6862	1273	100072	43280	496	810

参 考 文 献

［1］王信峰.计算机数学基础［M］.北京:高等教育出版社,2009.

［2］黑马程序员.C语言程序设计案例式教程［M］.北京:人民邮电出版社,2017.

［3］黑马程序员.Python快速编程入门［M］.北京:人民邮电出版社,2017.

［4］苏金明,王永利.MATLAB 7.0实用指南(上册)［M］.北京:电子工业出版社,2004.

［5］黑马程序员.Java基础案例教程［M］.北京:人民邮电出版社,2017.